高等职业教育机电类专业"十三五"规划教材

车工工艺与技术实训

主　编　陈海滨　李菲飞

副主编　方　涛

主　审　朱仁盛

西安电子科技大学出版社

内 容 简 介

本书为职业教育机电类专业车工工艺课配套教材,主要内容包括车工岗位安全文明操作规程和零件车削加工工艺的相关知识及各项基本操作技能,具体分八个项目:车床操作的基本训练,端面、外圆车削训练,台阶轴车削训练,车外沟槽和切断训练,钻孔、镗孔训练,圆锥车削训练,三角形外螺纹车削训练,典型零件车削训练。

通过对本书内容的学习、训练,学生将可以查阅有关技术手册和标准,会修磨刀具,能正确使用和保养常用工量具,能规范化操作车床并对工件进行加工,还可进行工件精度检验及质量分析,为今后解决生产实际问题及职业素养的提高奠定良好基础。

图书在版编目(CIP)数据

车工工艺与技术实训 / 陈海滨,李菲飞主编. —西安:西安电子科技大学出版社,2020.1

ISBN 978-7-5606-5517-8

Ⅰ. ① 车… Ⅱ. ① 陈… ② 李… Ⅲ. ① 车削—高等职业教育—教材 Ⅳ. ① TG510.6

中国版本图书馆 CIP 数据核字(2019)第 255601 号

策划编辑 李惠萍 秦志峰
责任编辑 权列秀 阎 彬
出版发行 西安电子科技大学出版社(西安市太白南路 2 号)
电 话 (029)88242885 88201467 邮 编 710071
网 址 www.xduph.com 电子邮箱 xdupfxb001@163.com
经 销 新华书店
印刷单位 陕西天意印务有限责任公司
版 次 2020 年 1 月第 1 版 2020 年 1 月第 1 次印刷
开 本 787 毫米×1092 毫米 1/16 印 张 8.75
字 数 204 千字
印 数 1～3000 册
定 价 22.00 元

ISBN 978-7-5606-5517-8 / TG

XDUP 5819001-1

如有印装问题可调换

前　言

　　车工工艺与技术实训是职业学校机械加工技术、数控技术应用、机电一体化等专业的基础核心课程，与后续专业技能课程有着紧密的联系。本课程也包含了一部分专业理论知识和职业素养培养，通过本课程的学习，将为学生继续学习专业课程奠定基础，也为学生今后解决生产实际问题及提高职业技能奠定良好的基础。

　　在本书的编写过程中，编者充分考虑到理论服务于技能学习，技能将加深对理论的理解这一逻辑关系，并且体现以能力为本位的职教理念，凸现职业教育特色，以就业为导向，紧扣车工工艺与技术训练课程标准的要求，按"学什么、做什么、会什么"的原则，根据专业学生的职业素养要求来组织教学结构，以任务驱动形式呈现编写内容。

　　本书在项目排列上由浅入深、从易到难，既符合循序渐进的学习原则，也符合学生的认知规律。每个项目由项目介绍进行导入，加强学生对本项目的了解。每个项目下设任务内容、任务目标、任务准备、任务实施、任务评价等模块。

　　任务内容简单明了，直接给出相应的任务，使得学生能迅速进入学习状态。

　　任务目标综合了学生的知识目标、技能目标和情感目标，从大国工匠的角度出发，明确学生在完成任务的过程中应达到的要求。

　　任务准备模块针对学生完成本任务所需要的基础知识和技能原理，为任务实施打下坚实的基础，同时坚持够用、实用的原则，对相关内容进行整理、精简，使学生感受到学习的必要性。

　　任务实施中介绍完成该任务所需的详细实施步骤，充分体现"做中学"的重要性。每个步骤配以图片或图纸帮助学生更加深入地理解车工技术技能。

　　任务评价是在完成任务后进行的综合性评价，包含理论学习和技能操作，完整全面地评价学生完成任务的整个过程。

　　本课程总学时为 56 学时，以实践操作为主，辅以必要的理论知识学习。通过本课程的学习，学生可以掌握与车削相关的基础知识，能进行轴类、套类、螺纹零件的加工等。通过相关项目任务的训练，可以达到初、中级车工(国家职业资格四、五级)水平。

书中具体项目、任务与课时安排见下表。

序号	项 目	任 务	学时
项目一	车床操作的基本训练	安全文明操作	4
		认识车床	
项目二	端面、外圆车削训练	车刀的刃磨练习	10
		工件的基本测量	
		学习端面、外圆的加工方法	
项目三	台阶轴车削训练	加工台阶轴	6
		一夹一顶车削台阶轴	
项目四	车外沟槽和切断训练	车槽刀的刃磨	6
		沟槽、切断的车削加工	
项目五	钻孔、镗孔训练	麻花钻、镗孔刀的刃磨	8
		钻孔及台阶盲孔的车削加工	
项目六	圆锥车削训练	认识圆锥体	8
		加工外圆锥	
		加工内圆锥	
		内外圆锥配合加工	
项目七	三角形外螺纹车削训练	三角形螺纹的认识	8
		三角形外螺纹车刀的刃磨	
		三角形外螺纹的车削加工	
项目八	典型零件车削训练	螺杆轴的加工	6
		圆锥螺杆轴的加工	

本书由江苏省海门中等专业学校陈海滨、李菲飞老师担任主编，江苏省东台中等专业学校方涛老师担任副主编，泰州机电高等职业技术学校朱仁盛老师担任主审。本书包含八个项目，其中项目一、二、三、六由陈海滨、李菲飞老师编写，项目四、五、七、八由方涛老师编写。

由于编者水平有限，书中疏漏之处在所难免，恳请读者批评指正。

编 者

2019 年 9 月

目　　录

项目一　车床操作的基本训练

本项目将带领大家进入实训车间，体验车间的生产氛围，认识机械制造业中应用最广泛的设备——车床，了解车削的应用范围及加工特点，认识车床各操作机构并掌握其操作规范与操作方法，从而加深对车床的认识。

任务一　安全文明操作

 任务内容

坚持安全、文明操作是保障学生和设备安全、防止工伤和设备事故的根本保证，同时也是实训车间科学管理的一项十分重要的手段。

实训安全既是一项管理、技术工作，也直接关系到学校实训教学效率，同时影响设备和工量具的使用寿命。安全、文明生产的要求是长期生产活动与实训教学中的实践经验和教训的总结，因此要求操作者必须严格执行。

 任务目标

(1) 熟悉安全生产要求。
(2) 熟悉文明生产要求。

 任务准备

一、安全生产要求

1. 开车前

(1) 检查是否已穿好工作服，戴好防护镜。女生应戴工作帽，将长发塞入帽子里。夏季禁止穿裙子和凉鞋上机操作。在车床上操作不允许戴手表、手套和戒指、手环等首饰。

(2) 检查机床各手柄是否处于正常位置，以防在开车时发生撞击而损坏车床。

(3) 检查车床露在外面的转动部分(如皮带轮、挂轮等)安装罩是否装好。

(4) 进行加油润滑，将主轴低速空转 1～2 分钟，这样可使主轴箱内的齿轮及各轴承有充分的润滑。

2. 安装工件

(1) 工件要夹正、夹牢。

(2) 工件安装、拆卸完毕后随手取下卡盘扳手。

(3) 安装、拆卸大工件时应该用木板保护床面。

(4) 装夹偏心工件时要加平衡块。

3. 安装刀具

(1) 刀具要垫好、放正、夹牢。

(2) 装卸刀具和切削加工时，切记先锁紧刀架。

(3) 装好工件和刀具后，进行极限位置检查。

4. 开车后

(1) 不能改变主轴转速，需要改变主轴转速或进给速度时，必须先停车，待停稳后方可变换手柄位置。

(2) 不能用手触摸旋转着的工件，不能用手触摸运转中的切削刀具，此时也不能测量工件尺寸。

(3) 不可用手直接清除车床下的切屑，应该用铁钩清除，碎屑可用小漆刷清除。

(4) 切削时要注意力集中，不许离开车床。

(5) 使用自动走刀时，小刀架上盖至少要与小刀架下座平齐，中途停车必须先停走刀后才能停车。

(6) 加工铸铁件时，不要在车床导轨面上直接加油。

5. 结束工作

(1) 工、夹、量具及附件应妥善放好，将大滑板移至车床尾座一侧，擦净车床，清理场地，关闭电源。

(2) 清除车床及周围的切屑，擦净后在规定的加油部位加润滑油。

(3) 擦拭车床时要防止刀尖、切屑等划伤手，并防止溜板箱、刀架、卡盘、尾座等相互碰撞。

6. 发生事故的应对

(1) 立即停车，关闭电源。

(2) 保护现场。

(3) 及时向有关人员汇报，以便分析原因，总结经验教训。

二、文明生产要求

(1) 刀具、量具及工具等放置要稳妥、整齐、合理，有固定位置，便于操作时取用，用后应放回原处。主轴箱盖上不应放置任何物品。

(2) 工具箱内应分类摆放物件，精度高的应放置稳妥，重物放下层，轻物放上层。

(3) 正确使用和爱护量具，保持其清洁，量具用后应擦净、涂油，放入盒内，并及时归还量具仓库。所使用的量具必须定期校验，以保证其测量准确。

(4) 不允许在卡盘及床身导轨上敲击或校直工件，床面上不准放置工具或工件。

(5) 车刀磨损后应及时刃磨，不允许用钝刃车刀继续车削，以免增加车床负荷而损坏车床，影响工件表面的加工质量。

(6) 毛坯、半成品和成品工件应分开放置。半成品和成品应堆放整齐、轻拿轻放，严防碰伤已加工表面。

(7) 图纸、工艺卡片应放置在便于阅读的位置，并注意保持其清洁和完整。

(8) 使用切削液前，应在床身导轨上涂润滑油。

(9) 工作场地周围应保持清洁整齐，避免杂物堆放，防止绊倒。车间布置见图1-1。

图 1-1 车间布置

任务实施

做好安全防护。实训学生需按照要求穿好工作服、戴好防护镜和工作帽，见图1-2。

图 1-2 穿工作服、戴防护镜和工作帽

 任务评价

安全文明操作任务评分评价表见表1-1，请根据检测结果填表。

表 1-1 安全文明操作任务评分评价表

序号	检 测 项 目	配分	评分标准	检测结果	得分
1	防护用品穿戴	14	不符合要求不得分		
2	车间卫生打扫	14	不符合要求不得分		
3	车床清理打扫	14	不符合要求不得分		
4	工件及刀量具摆放	14	不符合要求不得分		
5	其他	4	不符合要求不得分		
6	正确、规范使用，合理保养及维护	10	不符合要求不得分		
7	严格执行"6S"管理制度	10	不符合要求不得分		
8	操作动作规范	10	不符合要求不得分		
9	安全操作规程	10	依相关安全操作规程 酌情倒扣 1～10 分		
	总分	100	总得分		

任务二 认 识 车 床

 任务内容

要熟练地操作车床，首先要认识车床。本任务将带领学生认识车床，了解车削的应用范围及加工特点，并掌握车床各操作机构及其操作方法，从而加深对车床的认识。为了保持车床正常运转和延长其使用寿命，应注意日常的维护保养，车床的摩擦部分必须进行润滑，并且按照要求在规定时间内进行一级保养。

 任务目标

(1) 了解车床型号、规格、主要部件的名称和作用；
(2) 能够正确地指出车床传动系统的运行路线；
(3) 掌握车床的操作要点，并能进行车床的简单操作；
(4) 能够对车床进行日常维护、保养(一级保养)。

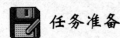 **任务准备**

一、机床的型号

机床型号是机床产品的代号，以简明地表示机床的类别、主要技术参数、结构特性等。我国目前实行的机床型号按 GB/T 15375—2008 编制方法进行编制。机床型号由汉语拼音字母及阿拉伯数字组成。例如：CA6140 表示车床床身上最大工件回转直径为 400 mm，型号中字母及数字的含义如下：

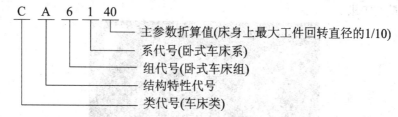

二、常用车床的基本结构

车床主要用于加工各种回转表面和回转体端面。CA6140 型卧式车床基本结构主要由主轴箱、交换齿轮箱、进给箱、溜板箱、刀架、尾架、床身、照明及冷却装置、床脚等组成，如图 1-3 所示。

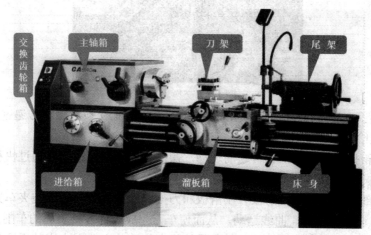

图 1-3　CA6140 型卧式车床

(1) 主轴箱(主轴变速箱)(图 1-4)用于支撑主轴，箱内有多组齿轮变速机构。箱外有手柄，变换手柄位置可使主轴得到多种转速。卡盘装在主轴上，卡盘夹持工件作旋转运动。

图 1-4　主轴箱

(2) 交换齿轮箱(挂轮箱)(图 1-5)接受主轴箱传递的转动，并传递给进给箱。变换箱内的交换齿轮，配合进给箱变速机构，可以车削各种导程的螺纹，并满足车削时纵向和横向不同进给量的需求。

图 1-5　交换齿轮箱

(3) 进给箱(变速箱)是进给传动系统的变速机构。它把交换齿轮箱传递过来的运动，经过变速后传递给丝杠或光杠。

(4) 溜板箱接受光杠或丝杠传的运动，操纵箱外手柄及按钮，通过快移机构驱动刀架部分以实现车刀的纵向或横向运动。

(5) 刀架部分由床鞍、中滑板、小滑板和刀架等组成。刀架用于装夹车刀并带动车刀作纵向、横向运动及斜向、曲线运动，从而使车刀完成工件各种表面的车削。

(6) 尾座安装在床身导轨上，并沿此导轨纵向移动。主要用来安装后顶尖，以支顶较长工件，也可安装钻夹头来装夹中心钻或钻头等。

(7) 床身是车床的大型基础部件，它有两条精度很高的 V 形导轨和矩形导轨，主要用于支撑和连接车床的各个部件，并保证各部件在工作时有准确的相对位置。

(8) 照明、冷却装置。照明灯使用安全电压，为操作者提供充足的光线，保证操作环境明亮；切削液被冷却泵加压后，通过切削液管喷射到切削区域。

(9) 床脚通过地脚螺栓和调整垫块使整台车床固定在工作场地上，并使床身调整到水平状态。

三、常用车床的传动系统

为了完成车削工作，车床必须有主运动和进给运动的相互配合，如图 1-6 所示。

主运动是通过电动机驱动皮带轮，把运动输入到主轴箱，通过变速机构变速，使主轴得到各种不同的转速，最后经卡盘(或夹具)带动工件旋转。

进给运动则是由主轴箱把旋转运动输出到挂轮箱，再通过进给箱变速后由丝杠或光杠驱动溜板箱、床鞍、滑板、刀架，从而控制车刀的运动轨迹，完成车削各种表面的工作。

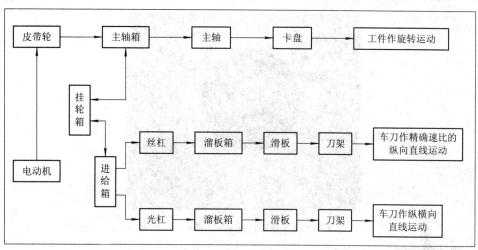

图 1-6　CA6140 型车床的传动系统

四、常用车床的操作

在加工工件之前，首先应熟悉车床手柄和手轮的位置及其用途，然后再练习其基本操作。

1．主轴箱手柄

1) 车床主轴变速手柄

车床主轴的变速通过改变主轴箱正面右侧两个叠套的长、短手柄的位置来控制。外面的短手柄 2 在圆周上有 6 个挡位，每个挡位都有由 4 种颜色标志的 4 级转速；里面的长手柄 1 除有两个空挡外，还有由红、黑、黄、蓝 4 种颜色标志的 4 个挡位，如图 1-7 所示。

图 1-7　主轴变速手柄

2) 加大螺距及左、右螺纹变换手柄

主轴箱正面左侧的旋转手柄是加大螺距及变换螺纹左、右旋向时用的，它有 4 个挡位

(如图1-8所示)，分别为：左旋正常螺距(或导程)，左旋扩大螺距(或导程)，右旋扩大螺距(或导程)，右旋正常螺距(或导程)。纵向、横向进给车削时，一般放于右上挡位。

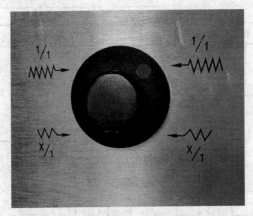

图1-8　加大螺距及左、右螺纹变换手柄

2. 进给箱手柄

如图1-9所示，车床进给箱正面左侧有一个手轮，有1～8共8个不同的挡位。右侧有里外叠装的一个手柄和一个手轮，外手柄有A、B、C、D共4个挡位，是丝杠、光杠变换手柄；里手轮有Ⅰ、Ⅱ、Ⅲ、Ⅳ共4个挡位。应先根据加工要求确定进给量及螺距，再根据进给箱油池盖上的螺纹和进给量调配表，扳动手轮和手柄，使其到达正确位置。

当里手轮处于正上方时是第Ⅴ挡，此时交换齿轮箱的运动不经进给箱变速，而与丝杠直接相连。

图1-9　进给箱手柄

3. 刀架的操作

(1) 床鞍：逆时针转动溜板箱左侧的床鞍手轮，床鞍向左纵向移动，简称"鞍进"；反之向右，简称"鞍退"。

(2) 中滑板：顺时针转动中滑板手柄，中滑板向远离操作者的方向移动，即横向进给，简称"中进"；反之，中滑板向靠近操作者的方向移动，即横向退出，简称"中退"。

(3) 小滑板：顺时针转动小滑板手柄，小滑板向左移动，简称"小进"；反之向右移动，简称"小退"。

(4) 刀架：逆时针转动刀架手柄，刀架随之逆时针转动，以调换车刀；顺时针转动刀架手柄，锁紧刀架。

当刀架上装有车刀时，转动刀架则其上的车刀也随之转动，应避免车刀与工件、卡盘或尾座相撞，要求在刀架转位前就把中滑板向后退出适当距离。

床鞍、中滑板和小滑板的移动依靠手轮和手柄来实现，移动的距离依靠刻度盘来控制。车床刻度盘的使用见表 1-2。

表 1-2　车床刻度盘的使用

刻　度　盘	移动方向	操作方式	整圈格数（格）	车刀移动距离（mm/格）
床鞍刻度盘手轮	纵向	机动进给手柄及快速移动按钮	300	1
中滑板刻度盘手柄	横向		100	0.05
小滑板刻度盘手柄	纵向	无机动进给	100	0.05

注意事项：

现象：转动床鞍、中滑板、小滑板手柄时，由于丝杠与螺母之间的配合存在间隙，会产生空行程，即刻度盘已转动，而刀架并未同步移动。

要求：使用刻度盘时，要先反向转动适当角度，消除配合间隙，再正向慢慢转动手柄，带动刻度盘转到所需的格数，如图1-10(a)所示。

消除措施：如果刻度盘多转动了几格，绝不能简单地退回，如图1-10(b)所示。必须向相反方向退回全部空行程(通常反向转动1/2圈)，再转到所需要的刻度位置，如图1-10(c)所示。

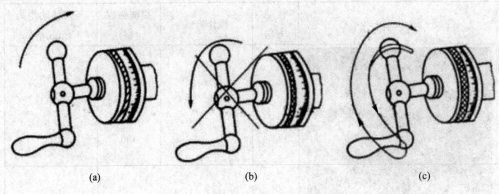

(a)　　　　　(b)　　　　　(c)

图1-10　消除刻度盘空行程的方法

4. 尾座的操作

1) 尾座套筒的进退和固定

逆时针扳动尾座套筒固定手柄，松开尾座套筒。顺时针转动尾座手轮，使尾座套筒伸出，简称"尾进"；反之，尾座套筒缩回，简称"尾退"。顺时针扳动手柄，可以将尾座套筒固定在所需位置。

2) 尾座位置的固定

向后(顺时针)扳动尾座快速紧固手柄，松开尾座。把尾座沿床身纵向移动到所需位置，向前(逆时针)扳动手柄，快速地把尾座固定在床身上。

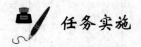 **任务实施**

一、停车手动进给练习

1. 纵向手动进给

双手交替均匀连续摇动大拖板车削外圆。具体操作方法是：左手放在中拖板的左侧，右手放在中拖板的右侧，双手交替均匀连续摇动大拖板，双手在交替的过程中，大拖板手轮是不停地转动的。(注意在摇动的过程中手臂不能与中拖板产生碰撞)。

2. 横向手动进给

双手交替均匀连续摇动中拖板车削端面。具体操作方法是：学生应站立在拖板箱的前面，站立位置以适度为止，双手交替均匀连续摇动中拖板，双手在交替的过程中，中拖板手轮是不停地转动的。

3. 纵横向同时进给

双手配合摇动大、中拖板。具体操作方法是：学生应站立在拖板箱的前面，站立位置以适度为止，左手摇动大拖板，右手摇动中拖板，双手配合快速摇动拖板。

二、车床的变速操作和空运转练习

1. 车床启动前的准备步骤

(1) 检查车床开关、手柄和手轮是否处于中间空挡位置，如主轴正、反转操纵手柄要处于中间的停止位置，机动进给手柄要处于十字槽中央的停止位置等。

(2) 旋转电源总开关由"OFF"至"ON"位置，即电源由"断开"至"接通"状态，车床得电(见图 1-11)。同时，床鞍上的刻度盘照明灯亮。

(3) 按下图 1-11 所示面板上的按钮，使车床照明灯亮。

图 1-11　开关面板

2. 车床主轴转速的变速操作

以调整车床主轴转速 40 r/min 为例，变速操作步骤见表 1-3。

表 1-3　车床主轴转速的变速操作步骤

图　示	步骤	操作的内容	示　例
	1	找出要调整的车床主轴转速在圆周哪个挡位上	找出 40 r/min 在圆周右边位置上的挡位
	2	将短手柄拨到此位置上并记住该数字的颜色	短手柄指向黄颜色的数字"40"上
	3	相应地将长手柄拨到与该数字颜色相同的挡位上	将长手柄拨到黄颜色的挡位上

3. 车床主轴正转的空运转操作

(1) 按照表 1-3 中车床主轴转速的变速操作步骤，变速至 12.5 r/min。

(2) 按下床鞍上的绿色启动按钮(见图 1-12)，启动电动机，但此时车床主轴不转。

红色—停止(或急停)按钮；绿色—启动按钮

图 1-12　床鞍上的操作按钮

(3) 观察车床主轴箱的油窗和进给箱、溜板箱油标，完成每天的润滑工作。

(4) 将进给箱右下侧操纵杆手柄向上提起，实现主轴正转，此时车床主轴转速为 12.5 r/min。

4. 车床主轴反转的空运转操作

只要将车床操纵手柄向下扳动，就可实现车床主轴反转，其他操作和主轴正转的空运转操作相同。

注意：操纵手柄不要由正转直接扳回反转，应由正转经中间刹车位置稍停 2 s 左右再至反转位置，这样有利于延长车床的使用寿命。

5. 车床停止的操作

(1) 使操纵手柄处于中间位置，车床主轴停止转动。

(2) 按下床鞍上的红色停止(或急停)按钮(见图 1-12)。如果车床需长时间停止，则必须再完成步骤(3)、(4)。

(3) 关闭车床电源总开关，向下扳动电源总开关由"ON"至"OFF"位置，即电源由"接通"至"断开"状态，车床不带电；同时，床鞍上的刻度盘照明灯灭。

(4) 将开关面板上的电源开关锁旋至"0"位置，再把钥匙拔出、收好。拔出钥匙后，总开关是合不上的，车床不会得电。

三、车床的润滑工作

1. 操作准备

准备好棉纱、油枪、油桶、2 号钙基润滑脂(黄油)、L‐AN46 全损耗系统用油等。

2. 擦拭车床润滑表面

在加油润滑前，应用棉纱擦净润滑表面(见图 1-13)。

(a) 用棉布擦净小滑板导轨

(b) 用棉布擦净中滑板导轨

(c) 用棉布擦净大滑板导轨

(d) 用棉布擦净尾架套筒表面

图 1-13　擦拭车床润滑表面

3. 润滑内容

每天对车床进行润滑时，必须按照图 1-14 所示的 CA6140 型卧式车床润滑点的分布图进行(共 17 个润滑点)。

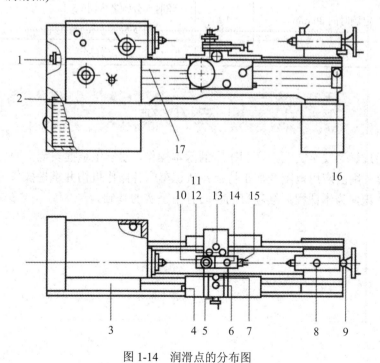

图 1-14　润滑点的分布图

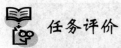

任务评价

认识车床的任务评分评价表见表 1-4，请根据检测结果填表。

表 1-4　认识车床的任务评分评价表

序号	检测项目	配分	评分标准	检测结果	得分
1	刀架部分操作	9	错误不得分		
2	刻度盘操作	9	错误不得分		
3	尾座操作	9	错误不得分		
4	车床开启关闭操作	9	错误不得分		
5	车床变速操作	9	错误不得分		
6	车床清理及润滑	9	错误不得分		
7	其他	6	错误不得分		
8	正确、规范使用，合理保养及维护	10	不符合要求不得分		
9	防护用品穿戴、严格执行"6S"管理制度	10	不符合要求不得分		
10	操作步骤正确，操作动作规范，过程完整无缺陷	10	不符合要求不得分		
11	定额时间 30 min	10	超时 5 分钟之内，扣 5 分，超过 5 分钟不得分		
	总分	100	总得分		

项 目 小 结

本项目通过学习安全文明生产和车床的基本操作，使学生掌握安全文明生产的要求和重要性，了解车削的应用范围及加工特点，认识车床各操作机构并掌握操作方法，从而加深对车床的认识，为本课程后续项目的学习打下坚实的基础。

项目二　端面、外圆车削训练

本项目主要学习如何刃磨车刀和利用磨好的车刀来车削最简单的圆柱体的端面、外圆和倒角，验证车刀的刃磨质量，并掌握识读工件图、工艺分析与加工步骤制订方法。

任务一　车刀的刃磨练习

 任务内容

本任务要认识车刀、刃磨车刀，了解常用车刀的种类和用途、车刀材料的种类和用途，掌握车刀切削部分的几何角度及其主要作用，熟练地掌握车刀的刃磨技能，这样在以后的加工任务中才能根据工件的加工要求合理选择车刀，并通过刃磨车刀保证加工质量。

 任务目标

(1) 认识车刀的种类及用途。
(2) 了解车刀的基本几何角度。
(3) 能够刃磨常用刀具。

 任务准备

一、车刀的种类和用途

(1) 车刀按不同的用途可分为外圆车刀、端面车刀、切断刀、内孔车刀、成形车刀和螺纹车刀等，如表 2-1 所示。

表 2-1　常用车刀种类

车刀种类	车刀视图	用　途	车削示例
90°车刀 (偏刀)		车削工件的外圆、台阶和端面	

车刀种类	车刀视图	用　途	车削示例
75°车刀		车削工件的外圆和端面	
45°车刀(弯头车刀)		车削工件的外圆、端面和倒角	
切断刀		用于切断和切槽	
车孔刀		车削工件的内孔	
成形刀		车削工件的圆弧面或成形面	
螺纹车刀		车削螺纹	

(2) 车刀从结构上分为四种形式，即整体式、焊接式、机夹式、可转位式车刀，其结构特点及适用场合见表 2-2。

表 2-2　车刀结构类型特点及适用场合

名　称	结　构	特　点	适用场合
整体式		用整体高速钢制造，刃口可磨得较锋利	小型车床或加工非铁金属
焊接式		焊接硬质合金或高速钢刀片，结构紧凑，使用灵活	各类车刀特别是小刀具
机夹式		避免了焊接产生的应力、裂纹等缺陷，刀杆利用率高。刀片可集中刃磨获得所需参数，使用灵活方便	外圆、端面、镗孔、切断、螺纹车刀等
可转位式		避免了焊接式的缺点，刀片可快换转位，生产率高，断屑稳定，可使用涂层刀片	大中型车床加工外圆、端面、镗孔，特别适用于自动线、数控车床

二、车刀的组成部分和切削部分的几何要素

车刀由刀头和刀杆两部分组成，刀头是车刀的切削部分，刀杆是车刀的夹持部分。刀头由刀面、刀刃和刀尖组成，承担切削加工任务。车刀的组成基本相同，但刀面、刀刃的数量、形式、形状不完全一样，如外圆车刀有三个刀面、两条刀刃和一个刀尖，而切断刀有四个刀面、三条刀刃和两个刀尖，见图 2-1。刀刃可以是直线，也可以是曲线。

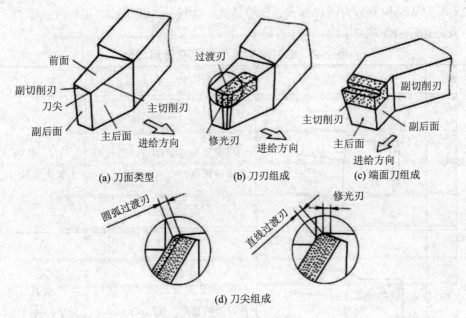

图 2-1　车刀的组成

1. 刀面

(1) 前刀面：车刀上切屑流出时经过的刀面。

(2) 主后刀面：车刀上与工件过渡表面相对的刀面。

(3) 副后刀面：车刀上与工件已加工表面相对的刀面。

2. 刀刃

(1) 主切削刃：前刀面与主后刀面相交的部位，承担主要的切削工作。

(2) 副切削刃：前刀面与副后刀面相交的部位，靠近刀尖部分承担少量的切削工作。

3. 刀尖

刀尖是主刀刃和副刀刃的联结部位。为了提高刀尖的强度，改善散热条件，很多车刀在刀尖处磨出圆弧形过渡刃，又称刀尖圆弧。一般硬质合金车刀的刀尖圆弧半径 $r = 0.5 \sim 1$ mm。

4. 修光刃

副刀刃前段接近刀尖处一小段平直的刀刃叫修光刃，装刀时须使修光刃与进给方向平行，且修光刃长度必须大于工件的进给量时才能起到修光工件表面的作用。

三、常用车刀材料

车刀切削部分在很高的切削温度下工作，经受强烈的摩擦，并承受很大的切削力和冲击，所以车刀切削部分的材料必须具备的基本性能是：较高的硬度，较好的耐磨性，足够的强度和韧性，较好的耐热性、导热性，良好的工艺性和经济性。

目前，车刀切削部分常用的材料有高速钢和硬质合金两大类。

1. 高速钢

高速钢是含钨(W)、钼(Mo)、铬(Cr)、钒(V)等合金元素较多的工具钢。高速钢刀具制造简单，刃磨方便，容易通过刃磨得到锋利的刃口；而且韧性较好，常用于承受冲击力较大的场合。高速钢特别适用于制造各种结构复杂的成形刀具和孔加工刀具，例如成形车刀、螺纹刀具、钻头和铰刀等。但是，高速钢的耐热性较差，因此不能用于高速切削。

2. 硬质合金

硬质合金是目前应用最广泛的一种车刀材料。硬质合金的硬度、耐磨性和耐热性均优于高速钢，切削钢时，切削速度可达约 220 m/min。其缺点是韧性较差，承受不了大的冲击力。

硬质合金的分类、用途、性能、代号以及与旧牌号的对照见表 2-3。

表 2-3　硬质合金的分类、用途、性能、代号以及与旧牌号的对照

类别	用　途	加工材料	常用代号	性能		适用加工阶段	对应的旧牌号
				耐磨性	韧性		
K 类 (钨钴类)	适用于加工铸铁、有色金属等脆性材料或冲击较大的场合。但在切削难加工材料或振动较大(如断续切削塑性金属)等特殊情况时也较合适	适用于加工短切屑的黑色金属、有色金属及非金属材料	K01	↑	↓	精加工	YG3
			K10			半精加工	YG6
			K20			粗加工	YG8
P 类 (钨钛钴类)	适用于加工钢或其他韧性较好的塑性金属，不宜用于加工脆性金属	适用于加工长切屑的黑色金属	P01	↑	↓	精加工	YT30
			P10			半精加工	YT15
			P30			粗加工	YT5
M 类 (钨钛钽(铌)钴类)	既可加工铸铁、有色金属，又可加工碳素钢、合金钢，故又称通用合金；主要用于加工高温合金、高锰钢、不锈钢以及可锻铸铁、球墨铸铁、合金铸铁等难加工材料	适用于加工长切屑或短切屑的黑色金属和有色金属	M10	↑	↓	精加工、半精加工	YW1
			M20			半精加工、粗加工	YW2

四、砂轮机

砂轮机是用来刃磨各种刀具、工具的常用设备，见图2-2，由机座、防护罩、电动机、砂轮和控制开关等部分组成，其中绿色和红色的控制开关分别用以启动和停止砂轮机。

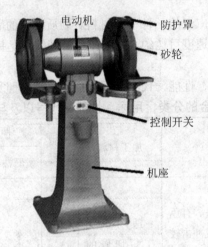

电动机　　防护罩　　砂轮　　控制开关　　机座

图 2-2　砂轮机

1. 砂轮的选择

刃磨高速钢车刀用氧化铝砂轮(白色)，磨硬质合金刀头用碳化硅砂轮(绿色)，如图2-3所示。砂轮的特性由磨料、粒度、硬度、结合剂和组织5个因素决定。

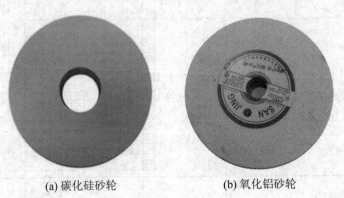

(a) 碳化硅砂轮　　　　　　　　　　(b) 氧化铝砂轮

图 2-3　砂轮

2. 砂轮更换注意事项

(1) 新安装的砂轮必须严格检查。在使用前要检查外表有无裂纹，可用硬木轻敲砂轮，检查其声音是否清脆。如果有碎裂声必须重新更换砂轮。

(2) 安装后必须保证装夹牢靠，运转平稳。砂轮机启动后，应在砂轮旋转平稳后再进行刃磨。

(3) 若砂轮跳动明显，应及时修整。平形砂轮一般可用砂轮刀在砂轮上来回修整，杯形细粒度砂轮可用金刚石笔或硬砂条修整。

五、车刀刃磨的方法

1. 刃磨车刀的姿势及方法

(1) 人站立在砂轮机的侧面，以防砂轮碎裂时碎片飞出伤人；

(2) 两手握刀的距离靠紧，两肘夹紧腰部，以减小磨刀时的抖动；

(3) 磨刀时，车刀要放在砂轮的水平中心，刀尖略向上翘约 3°～8°，车刀接触砂轮后应作左右方向水平移动。当车刀离开砂轮时，车刀需向上抬起，以防磨好的刀刃被砂轮碰伤；

(4) 磨后刀面时，刀杆尾部向左偏过一个主偏角的角度；磨副后刀面时，刀杆尾部向右偏过一个副偏角的角度；

(5) 修磨刀尖圆弧时，通常以左手握车刀前端为支点，用右手转动车刀的尾部。

2. 磨刀安全知识

(1) 刃磨刀具前，应首先检查砂轮有无裂纹，砂轮轴螺母是否拧紧，并经试转后使用，以免砂轮碎裂或飞出伤人。

(2) 刃磨刀具不能用力过大，否则会使手打滑而触及砂轮面，造成工伤事故。

(3) 磨刀时应戴防护眼镜，以免砂砾和铁屑飞入眼中。

(4) 砂轮支架与砂轮的间隙不得大于 3 mm，如发现间隙过大，应调整适当。

六、检查车刀角度的方法

1. 目测法

观察车刀角度是否符合切削要求，刀刃是否锋利，表面是否有裂痕或其他不符合切削要求的缺陷。

2. 量角器和样板测量法

对于角度要求高的车刀，可用量角器和样板测量法检查，见图2-4。

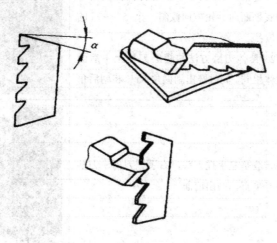

图2-4　样板检查车刀角度

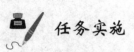

任务实施

刃磨 90°硬质合金外圆车刀实施步骤见表 2-4。

表 2-4　90°外圆车刀刃磨步骤表

序号	工序名称	工 序 内 容	图 示
1	粗磨车刀	1. 选用粒度为 24#~36# 的碳化硅砂轮； 2. 先磨去车刀上的焊渣； 3. 将车刀底面磨平即可	
2	粗磨主后面	1. 粗磨主后面时，柄应与砂轮轴线保持平行； 2. 同时刀体底平面向砂轮方向倾斜一个 5°~7° 的角度； 3. 刃磨时，先把车刀已磨好的后隙面靠在砂轮的外圆上，以接近砂轮中心的水平位置为刃磨的起始位置，然后使刃磨位置继续向砂轮靠近，并作左右缓慢移动。当砂轮磨至刀刃处即可结束。同时磨出主偏角和主后角； 4. 可选用粒度号为 36#~60# 的碳化硅砂轮	
3	粗磨副后面	1. 粗磨副后面时，刀柄尾部应向右转过一个副偏角 Kr′(6°~8°)的角度，同时车刀底平面向砂轮方向倾斜一个 5°~7° 的角度； 2. 具体刃磨方法与粗磨刀体上主后面大体相同。同时磨出副偏角 Kr′ 和副后角	
4	粗磨前面	一般是左手捏刀头，右手握刀柄，刀柄保持平直，磨出前面	

续表

序号	工序名称	工 序 内 容	图 示
5	磨断屑槽	左手拇指与食指握刀柄上部,右手握刀柄下部,刀头向上。刀头前面接触砂轮的左侧交角处,并与砂轮外圆周面成一夹角(车刀上的前角由此产生,前角为 15°～20°)	
6	精磨主后面和副后面	精磨前要修整好砂轮,保持砂轮平稳旋转。刃磨时将车刀底平面靠在调整好角度的托架上,并使切削刃轻轻地靠住砂轮的端面上,并沿砂轮端面缓慢地左右移动,使砂轮磨损均匀、车刀刃口平直	
7	磨负倒棱	负倒棱刃磨时,用力要轻微,要使主切削刃的后端向刀尖方向摆动。刃磨时可采用直磨法和横磨法。为了保证切削刃的质量,最好采用直磨法。 负倒棱的倾斜角度一般为 −5°～−10°,其宽度 b 为走刀量的 0.5～0.8 倍,即 $B = (0.5\sim0.8)f$	
8	磨过渡刃	过渡刃有直线型和圆弧形两种,以右手捏车刀前端为支点,左手握刀柄,刀柄后半部向下倾斜一些,车刀主后面与副后面交接处自下而上地轻轻接触砂轮,使刀尖处具有 0.2 mm 左右的小圆弧刃或短直线刃	

注意事项:

(1) 车刀高低必须控制在砂轮水平中心,刀头略向上翘,否则会出现后角过大或负后角等弊端。

(2) 车刀刃磨时应作水平的左右移动,以免砂轮表面出现凹坑。

(3) 在平形砂轮上磨刀时,尽可能避免磨砂轮侧面。

(4) 刃磨硬质合金车刀时,不可把刀头部分放入水中冷却,以防刀片突然冷却而碎裂。

刃磨高速钢车刀时，应随时用水冷却，以防车刀过热退火，降低硬度。

(5) 车刀刃磨练习的重点是掌握车刀刃磨的姿势和方法。

 任务评价

车刀刃磨任务评分评价表见表 2-5，请根据检测结果填表。

表 2-5　车刀刃磨任务评分评价表

序号	检测内容	配分	评分标准	检测结果	得分
1	刀具的种类及用途	9	超差不得分		
2	刀具的材料	9	超差不得分		
3	砂轮机的操作	9	超差不得分		
4	刀具角度的测量	9	超差不得分		
5	刀具刃磨的步骤	9	超差不得分		
6	刀具刃磨的正确性	9	超差不得分		
7	其他	6	超差不得分		
8	正确、规范使用，合理保养及维护	10	不符合要求不得分		
9	防护用品穿戴、严格执行"6S"管理制度	10	不符合要求不得分		
10	刃磨步骤正确，操作动作规范，刀具完整无缺陷	10	不符合要求不得分		
11	定额时间 120 min	10	超时 5 分钟之内，扣 5 分，超过 5 分钟不得分		
	总分	100	总得分		

任务二　工件的基本测量

 任务内容

练习车削加工前，首先要熟练操作车床上的各个操作手柄以及各个手柄的作用，其次要能熟练掌握常用量具的测量与识读。本任务将带领学生练习常用量具的测量与识读方法，从而掌握工件的基本测量。

 任务目标

1. 认识常用量具结构与读数原理

(1) 游标卡尺；

(2) 千分尺。

2. 会使用常用量具

(1) 游标卡尺；

(2) 千分尺。

 任务准备

一、游标卡尺

游标卡尺是一种常用的量具，具有结构简单、使用方便、精度中等和测量的尺寸范围大等特点，用它可以测量零件的外径、内径、长度、宽度、厚度、深度和孔距等，应用范围很广。

1. 游标卡尺的三种结构

(1) 测量范围为 0～150 mm 的游标卡尺，制成带有刀口形的内外测量爪和带有深度尺的型式，如图 2-5 所示。

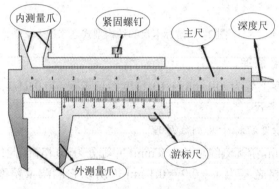

图 2-5　游标卡尺的结构型式之一

(2) 测量范围为 0～200 mm 和 0～300 mm 的游标卡尺，可制成带有内外测量面的下量爪和带有刀口形的上量爪的型式，如图 2-6 所示。

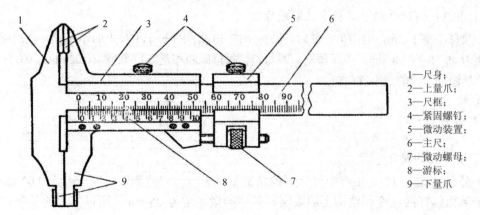

1—尺身；
2—上量爪；
3—尺框；
4—紧固螺钉；
5—微动装置；
6—主尺；
7—微动螺母；
8—游标；
9—下量爪

图 2-6　游标卡尺的结构型式之二

(3) 测量范围为 0～200 mm 和 0～300 mm 的游标卡尺，也可制成只带有内外测量面的下量爪的型式。而测量范围大于 300 mm 的游标卡尺，只制成仅带有下量爪的型式，如图 2-7 所示。

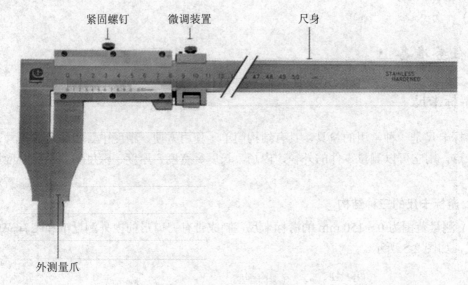

图 2-7   游标卡尺的结构型式之三

2. 游标卡尺的读数原理

游标卡尺测量精度上分为 0.1 mm(1/10)精度游标卡尺、0.05(1/2)精度游标卡尺和常见的 0.02(1/50)精度游标卡尺。

1) 0.1 mm(1/10)精度游标卡尺刻线原理

尺身每小格为 1 mm，游标刻线总长为 9 mm，并等分为 10 格，因此每格为 9/10 = 0.9 mm，则尺身和游标相对一格之差为 1 - 0.9 = 0.1 mm，所以它的测量精度为 0.1 mm。

2) 0.05 mm(1/20)精度游标卡尺刻线原理

尺身每小格为 1 mm，游标刻线总长为 39 mm，并等分为 20 格，因此每格为 39/20 = 1.95 mm，则尺身和游标相对一格之差为 2 - 1.95 = 0.05 mm，所以它的测量精度为 0.05 mm。

3) 0.02 mm(1/50)精度游标卡尺刻线原理

主尺每小格 1 mm，当两爪合并时，游标上的 50 格刚好等于主尺上的 49 mm，则游标每格间距为 49/50 = 0.98 mm，主尺每格间距与游标每格间距相差 = 1 - 0.98 = 0.02 mm，0.02 mm 即为此种游标卡尺的最小读数值。

二、千分尺

1. 千分尺的简介

千分尺(或百分尺)是生产中最常用的精密量具之一，它的测量精度一般为 0.01 mm，但由于测微螺杆的精度和结构上的限制，其移动量通常为 25 mm，所以常用的千分尺测量范围分别为 0～25 mm，25～50 mm，50～75 mm，75～100 mm…每隔 25 mm 为一档规格。根据用途的不同，千分尺的种类有外径千分尺、内径千分尺、内测千分尺、游标千分尺、螺纹千分尺和壁厚千分尺等，它们虽然用途不同，但都是运用了测微螺杆移动的基本原理。这里主要介绍外径千分尺。

2. 千分尺的结构形状

千分尺由尺架、测砧、测微螺杆、锁紧装置、固定套管、微分筒和测力装置、隔热装置等组成，如图 2-8 所示。

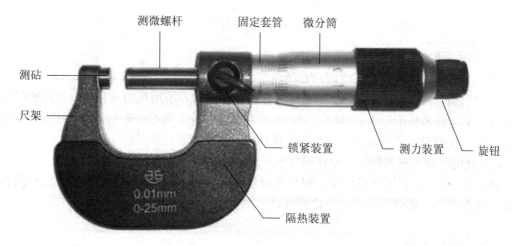

图 2-8　千分尺

3. 千分尺的工作原理

千分尺测微螺杆的螺距为 0.5 mm，固定套筒上刻线距离，每格为 0.5 mm(分上下刻线)，当微分筒转一周时，测微螺杆就移动 0.5 mm，微分筒上的圆周上共刻 50 格，因此当微分筒转一格时(1/50 转)，测微螺杆移动 0.5/50 = 0.01 mm，所以常用的千分尺的测量精度为 0.01 mm。

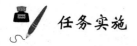 **任务实施**

一、游标卡尺的测量

1. 游标卡尺测量前检查要点

(1) 测量前应把卡尺擦干净，检查卡尺的两个测量面和测量刃口是否平直无损，把两个量爪紧密贴合时，应无明显的间隙，同时游标和主尺的零位刻线要相互对准。

(2) 移动尺框时，活动自如，不应过松或过紧，更不能有晃动现象。用固定螺钉固定尺框时，卡尺的读数不应有所改变。在移动尺框时，不要忘记松开固定螺钉，亦不宜过松以免掉落。

2. 游标卡尺的读数方法

游标卡尺的刻度读数方法如图 2-9 所示。

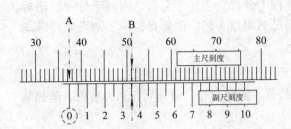

① 读取副尺刻度的 0 点在主尺刻度的数值
⇒ 主尺刻度 37~38 mm 之间 … A 的位置=37 mm

② 主尺刻度与副尺刻度成一条直线处，读副尺刻度
⇒ 副尺刻度 3~4 之间的线 … B 的位置=0.35 mm

$$\begin{aligned} &37.0 \ \text{mm} \\ +\ &0.35 \ \text{mm} \\ \hline &37.35 \ \text{mm} \end{aligned}$$

图 2-9　游标卡尺读数方法

3. 游标卡尺的使用要点

使用游标卡尺测量零件尺寸时，必须注意以下几点：

(1) 用游标卡尺测量零件时，不允许过分地施加压力，所用压力应使两个量爪刚好接触零件表面。在游标卡尺上读数时，应把卡尺水平地拿着，朝着亮光的方向，使人的视线尽可能和卡尺的刻线表面垂直，以免由于视线的歪斜造成读数误差。

(2) 使用游标卡尺测量时，不许敲打卡尺或拿游标卡尺勾铁屑。

(3) 为了获得正确的测量结果，可以多测量几次。对于较长零件，则应当在全长的各个部位进行测量，务必使获得一个比较准确的测量结果。

二、千分尺的测量

1. 千分尺的测量方法

用千分尺测量工件时，千分尺可单手握、双手握或将千分尺固定在尺架上，测量误差可控制在 0.01 mm 范围之内。

测量工件时，先转动千分尺的微分筒，待测微螺杆的测量面接近工件被测表面时，再转动测力装置，使测微螺杆的测量面接触工件表面，当听到 2~3 声"咔咔"响后即可停止转动，读取工件尺寸。为防止尺寸变动，可转动锁紧装置，锁紧测微螺杆。

2. 千分尺的读数方法

千分尺的读数方法如图 2-10 所示。

(1) 先读出固定套管上露出刻线的整毫米数和半毫米数；

(2) 看准微分筒上哪一格与固定套管基准线对齐；

(3) 把两个数加起来，即为被测工件的尺寸。

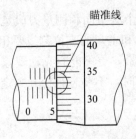

固定套管：5.50 mm
+　微分筒：0.33 mm　(瞄准线)
　　读数值：5.83 mm

图 2-10　千分尺读数方法

3. 千分尺的使用要点

使用千分尺测量零件尺寸时，必须注意下列几点：

(1) 千分尺不允许测量粗糙表面。

(2) 工件转动中禁止测量。

(3) 测量时左右移动找最小尺寸，前后移动找最大尺寸，当测量头接触工件时可使用棘轮，以免造成测量误差。

(4) 用前须校对"零"位，用后擦净涂油放入盒内。

(5) 不要把卡尺、千分尺与其他工具，刀具混放，更不要把卡尺、千分尺当卡规使用，以免降低精度。

 任务评价

工件的基本测量任务评分评价表见表2-6，请根据检测结果填表。

表2-6　工件的基本测量任务评分评价表

序号	检测内容	配分	评分标准	检测结果	得分
1	游标卡尺的结构	9	错误不得分		
2	游标卡尺的原理	9	错误不得分		
3	游标卡尺的读数	9	错误不得分		
4	千分尺的结构	9	错误不得分		
5	千分尺的原理	9	错误不得分		
6	千分尺的读数	9	错误不得分		
7	其他	6	错误不得分		
8	正确、规范使用，合理保养及维护	10	不符合要求不得分		
9	防护用品穿戴、严格执行"6S"管理制度	10	不符合要求不得分		
10	工艺安排合理，加工步骤正确，操作动作规范，工件完整无缺陷	10	不符合要求不得分		
11	定额时间 120 min	10	超时 5 分钟之内，扣 5 分，超过 5 分钟不得分		
	总分	100	总得分		

任务三　学习端面、外圆的加工方法

 任务内容

本任务需完成车端面、外圆、倒角的加工训练，并利用常用测量工具完成测量。本任务通过加工如图 2-11 所示的工件，完成车削加工中最基础的端面、外圆的加工方法。

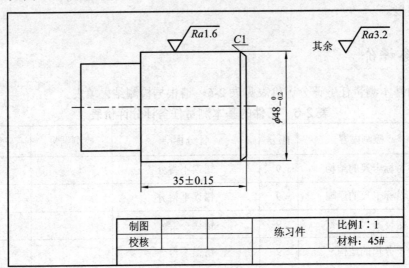

图 2-11　工件图

 任务目标

(1) 掌握切削用量的初步选择。
(2) 掌握外圆车刀、端面车刀的装夹。
(3) 掌握识读工件图、工艺分析与加工步骤制订的方法。
(4) 掌握车削工件端面、外圆和倒角的技能。

 任务准备

一、车削运动

车削时，为了切除多余的金属，必须使工件和车刀产生相对的车削运动。按运动的作用不同，车削运动可分为主运动和进给运动两种，如图 2-12 所示。

1. 主运动

主运动是指机床的主要运动，它消耗机床的主要动力，通常主运动的速度较高。车削时，工件的旋转运动是主运动。

2. 进给运动

进给运动是指使工件的多余材料不断被去除的切削运动，如车外圆时的纵向进给运动、车端面时的横向进给运动等。

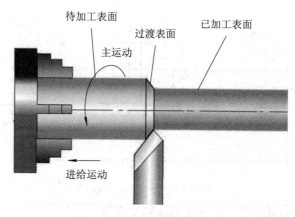

图 2-12 车削运动

二、工件上形成的表面

车削时，工件上形成已加工表面、过渡表面和待加工表面，如图 2-13 所示。

(1) 已加工表面：已加工表面是指工件上经车刀车削后产生的新表面。

(2) 过渡表面：过渡表面是指工件上由切削刃正在切削的那部分表面。

(3) 待加工表面：待加工表面是指工件上有待切除的表面。

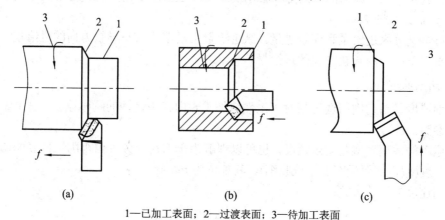

1—已加工表面；2—过渡表面；3—待加工表面

图 2-13 车削时工件上形成的三个表面

三、切削用量的基本概念

切削用量与提高生产效率有着密切的关系，它是度量主运动及进给运动大小的参数。切削用量包括：切削深度、进给量和切削速度。

1. 切削深度 a_p

切削深度是工件上已加工表面和待加工表面间的垂直距离，单位"mm"。即每次进给车刀切入工件的深度(图 2-14(a)、(b)所示)。车槽、切断时的切削深度等于车刀的主切削刃宽度(图 2-14(c)所示)。

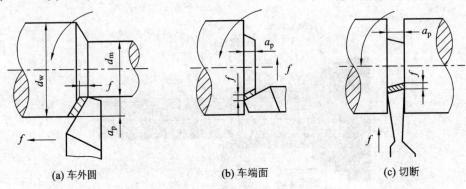

(a) 车外圆　　　　　　　　(b) 车端面　　　　　　　(c) 切断

图 2-14　进给量与切削深度

车外圆时(见图 2-14(a))的切削深度的计算公式为

$$a_p = \frac{d_w - d_m}{2}$$

式中：a_p——切削深度，单位为 mm

$\quad\quad d_w$——工件待加工表面直径，单位为 mm

$\quad\quad d_m$——工件已加工表面直径，单位为 mm

2. 进给量 f

工件旋转一周，车刀沿进给方向移动的距离。进给量是衡量进给运动大小的参数。其单位为 mm/r，见图 2-14。

进给量又分纵进给量和横给进量。纵进给量指沿车床床身导轨方向的进给量；横进给量指垂直于车床床身导轨方向的进给量。

3. 切削速度 v_c

切削速度是指切削刃选定相对于工件待加工表面在主运动的瞬时速度，是衡量主运动大小的参数。

主运动的线速度就是切削速度，也可以理解为车刀在一分钟内车削工件表面的理论展开直线长度(假定切屑没有变形或收缩)。其单位为 m/min。

切削速度的计算公式：

$$v_c = \frac{\pi n d}{1000}$$

式中：v_c——切削速度，单位为 m/min

$\quad\quad d$——工件直径，单位为 mm

$\quad\quad n$——车床主轴速度，单位为 r/min

车削时，工件作旋转运动，不同直径处的各点切削速度不同，在计算时应取最大的切削速度为准。为此，在车外圆时应以工件待加工表面直径计算，车内孔时应以工件已加工表面计算。在车端面或车槽、切断时的切削速度是变化的，切削速度随切削直径的变化而变化。

四、切削用量的初步选择

切削用量的初步选择原则见表 2-7。

表 2-7　切削用量的初步选择

加工阶段	粗　车	半精业和精车
选择原则	考虑到提高生产率并保证合理的车刀使用寿命，首先要选用较大的切削深度，然后再选用较大的进给量，最后根据车刀使用寿命选择合理的切削速度	必须保证加工精度和表面质量，同时还必须兼顾必要的车刀使用寿命和生产率
切削深度	在保留半精车余量(约 1～3 mm)和精车余量(0.1～0.6 mm)后，其余量应尽量一次车去	由粗加工后留下的余量确定，用硬质合金车刀车削时，最后一刀的吃刀深度不宜太小，以>0.1 mm 为宜
进给量	在工件刚性和强度允许的情况下，可选用较大的进给量	一般多采用较小的进给量
切削速度	车削中碳钢时，平均切削速度为80～100 m/min；切削合金钢时平均速度为50～70 m/min；切削灰铸铁时平均切削速度为50～70 m/min	用硬质合金车刀精车时，一般采用较高的切削速度(80 m/min 以上)；用高速钢车刀精车时，宜采用较低的切削速度

五、车刀装夹的注意事项

将刃磨好的车刀装夹在刀架上称为车刀装夹。车刀安装正确与否，直接影响车削顺利进行和工件的加工质量。所以，装夹车刀时必须满足以下要求。

(1) 车刀装夹在刀架上的伸出部分应尽量短，以增强车刀刚性，伸出长度约为主刀杆厚度的 1～1.5 倍。车刀下面垫片的数量要尽量少，并与刀架前侧边缘齐平。

(2) 保证车刀的实际主偏角和副偏角要正确，如图 2-15 所示。

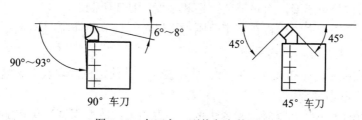

图 2-15　车刀主、副偏角安装要求

(3) 通过增减车刀下面的垫片，使车刀刀尖与工件的旋转中心等高，如图 2-16(b)所示。若车刀刀尖不对准工件轴线，在车至端面中心时会留有凸头。使用硬质合金车刀时车至工件端面中心时会使车刀刀尖崩碎，如图 2-16(d)、(e)所示。

(4) 至少用两个螺钉逐个轮流压紧车刀，以防振动。

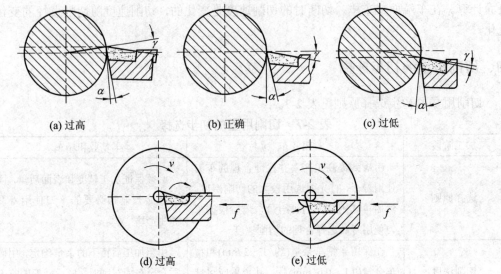

(a) 过高　　　　　　　(b) 正确　　　　　　　(c) 过低

(d) 过高　　　　　　　(e) 过低

图 2-16　　车刀刀尖不对准工件旋转中心的后果

六、工件的装夹

1. 工件定位

确定工件在机床上或夹具中占据一个正确位置的过程，称为工件定位。

2. 工件的夹紧

工件的安装包括定位和夹紧这两个既有本质区别又有密切联系的工作过程。工件在加工过程中会受到切削力、离心力、惯性力和重力等外力的作用，而产生移动或振动，因此，一般夹具中都必须设置一定的夹紧装置，将工件可靠地夹牢。

1) 对夹紧装置的基本要求

(1) 正：夹紧过程中，不改变工件定位后所占据的正确位置。

(2) 牢：夹紧后，既要保证工件在加工过程中的位置不发生变化，又要使工件不产生过大的夹紧变形。

(3) 快：夹紧动作迅速，操作方便、安全、省力。

(4) 简：结构简单紧凑，有足够的刚性和强度，且便于制造。

(5) 调：夹紧力或夹紧行程在一定范围内可以进行调节和补偿。

2) 夹紧力和夹紧时的注意事项

夹紧装置在夹紧时是否安全、可靠、是否破坏工件的定位，取决于夹紧力的大小、方向和作用点是否适当、合理。

(1) 夹紧力的大小。夹紧时，夹紧力的大小要适当，既要保证工件在加工过程中的位置不发生变化，又要使工件不产生过大的夹紧变形。夹紧力的大小可以计算。

(2) 夹紧力的方向。夹紧力的方向选择需注意如下几个要点：

① 夹紧力的方向应有助于定位稳定，且主夹紧力应垂直于主要定位基面。

② 夹紧力的方向应尽量有利于减小夹紧力。

③ 夹紧力的方向应是工件刚性较好的方向。

(3) 夹紧力的作用点。夹紧力作用点的选择，对保证工件定位可靠、防止夹紧变形有很大影响，选择时应注意以下几个方面：

① 夹紧力作用点应落在定位元件的支承范围内，否则工件易产生变形或不稳固。

② 夹紧力作用点应选在工件刚性较好的部位上，以减小工件变形。

③ 夹紧力作用点应尽量靠近加工表面，可使切削力对此夹紧点的力矩较小，防止或减小工件振动。

3. 工件装夹常用工具

(1) 卡盘扳手，如图 2-17 所示：当其前端方楔插入卡盘方孔转动，可松开或夹紧工件。逆时针转动可松开工件；顺时针转动可夹紧工件。

图 2-17　卡盘扳手

(2) 加力管，如图 2-18 所示：当用双手握住卡盘扳手夹紧或松开力不够时，可在卡盘扳手横杆上再套用加力管，通过增加力臂使力得以放大。

图 2-18　加力管

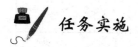 任务实施

一、识读工件图

(1) 加工图 2-11 所示的工件，保证尺寸精度。

(2) 工件的外圆直径为 $\phi 48$ mm，公差范围为 $0 \sim -0.2$ mm；工件的加工长度为 35 mm，公差范围为 ±0.15 mm；倒角为 C1，即 $1 \times 45°$。"1"是指倒角在外圆上的轴向长度为 1 mm。

(3) 加工工件进行车削时要分粗、精车，先粗车端面与外圆，留 0.2 mm 左右的精车余量，再精车端面和外圆达到图样要求，最后再进行倒角至 C1。

二、工作准备

1. 原材料准备

材料为 45 钢。坯料为半成品。数量为 1 件/人。

2. 工、量具准备

90°车刀、45°车刀、钢直尺、0～150 mm 游标卡尺。

3. 机床设备准备

CA6140 型卧式车床，砂轮机。

三、车削方法与步骤

端面、外圆车削加工步骤和方法见表 2-8。

表 2-8　端面、外圆车削加工步骤和方法

步　骤		工 作 内 容	图　示
步骤 1 工件安装	(1) 工件装夹	将三爪卡盘卡爪松开至圆棒料直径大小(目测判断)。右手握持工件放入卡盘孔中，使工件台阶面与卡爪间留有 5 mm 左右间隙，并用左手转动卡盘扳手夹持工件，再用双手初步夹紧工件	
	(2) 工件找正	在工件夹紧的过程中同时旋转工件，以减小圆跳动误差，随后将划针盘放在床身前平导轨上，调整划针与工件之间的相对位置(圆棒料的右端)，使划针与工件之间成 75°角(图示)，转动工件观察针尖与工件表面间缝隙变化情况，如缝隙较大则进行调整，直至其缝隙变化几乎看不出	
	(3) 工件夹紧	最后用加力管将工件夹紧	
步骤 2 车刀安装	(1) 90°车刀安装	确定车刀的伸出长度； 调整垫刀片，使车刀刀尖对准工件旋转中心	

步　骤		工 作 内 容	图　示
步骤2 车刀安装		调整车刀安装角度，并紧固车刀	
	(2) 45° 车刀安装	具体方法与步骤参照 90° 车刀安装	
步骤3 粗车调整 车床		调整主轴转速手柄，转速调为 400 r/min	
步骤4 粗车端面 保证长度 尺寸353mm 左右	(1) 端面 对刀	移动床鞍、中滑板使车刀接近工件端 面后开车	
		移动小滑板手柄，使车刀刀尖与工件 端面轻微接触	
		移动中滑板横向退出车刀	

步　骤		工 作 内 容	图　示
步骤 4 粗车端面 保证长度 尺寸353 mm 左右	(2) 纵向 控制切深	根据加工余量，计算小滑板应转过的格数，并摇动手柄到格数要求	
	(3) 试切 试测，调 整切深	试切削。转动中滑板手柄，合理控制手动进给速度，横向进给车削端面至 2～3 mm 后，横向退出车刀	
		试测量。横向退出车刀，停车，主轴放空挡后，用游标卡尺测量长度	
		调整纵向切削深度。根据测量结果，对比图样要求，计算需调整的小滑板格数，转动小滑板手柄使格数至要求	

步 骤		工 作 内 容	图 示
步骤4 粗车端面 保证长度 尺寸35.3mm 左右	(4) 横向 进给至旋 转中心处	转动中滑板手柄，使车刀横向进给至旋转中心	
	(5) 退刀	移动床鞍、中滑板将车刀退出，停止主轴，并将主轴转速调整手柄调至空挡	
	(6) 复检	用游标卡尺测量长度尺寸是否达到粗车要求。 用钢直尺检查工件端面是否平整。若有小圆柱凸头说明车刀低于工件旋转中心，若有小锥形凸头说明车刀刀尖高于工件旋转中心，可通过调整垫片或调整螺钉的压紧力来使车刀对准工件旋转中心	

步　骤		工　作　内　容	图　示
步骤5 粗车外 圆至 ϕ48.2 mm 左右	(1) 外圆 对刀	移动床鞍、中滑板使车刀接近工件外圆，主轴转速调整至 400 r/min 起动车床主轴	
		移动中滑板使刀尖与工件外圆轻微接触	
		纵向退出车刀	
	(2) 横向 控制切深	根据加工余量，计算中滑板应转过的格数，并摇动手柄到格数要求	

步　骤		工　作　内　容	图　示
步骤5 粗车外 圆至 ϕ48.2 mm 左右	（3）试切 试测，调整 切深	试切削：双手慢速转动床鞍手轮，合理控制手动进给速度，纵向进给车削外圆至2～3 mm后，纵向退出车刀	
		试测量：纵向退出车刀后，停车，主轴放空挡后，用游标卡尺测量外圆直径	
		调整横向切削深度：根据测量结果，对比图样要求，计算需调整的中滑板格数，转动中滑板手柄使格数至要求	

步　骤		工 作 内 容	图　示
步骤5 粗车外圆至ϕ48.2 mm左右	(4) 纵向进给至要求处。	双手转动床鞍手轮，一直纵向进给至没有切屑为止。(要兼顾车刀不能碰到卡爪)	
	(5) 退刀	移动中滑板将车刀横向退出，再同时移动床鞍、中滑板将车刀远离工件，停止主轴，并将主轴转速调整手柄调至空挡	
	(6) 复检	用游标卡尺测量外圆直径尺寸是否达到粗车要求。用钢直尺检查工件外圆素线是否平直	
步骤6 精车调整车床		调整主轴转速手柄，转速调为600 r/min	
步骤7 　精车端面，保证长度35 ± 0.15 mm		端面精车方法同粗车，但要将长度尺寸控制在35 ± 0.15 mm 以内，使之符合图样要求	

步　骤		工　作　内　容	图　示
步骤 8 　端面精车保证外圆尺寸 $\phi48^{0}_{-0.2}$ mm		外圆精车方法同粗车，但要将外圆直径尺寸控制在 $\phi48^{0}_{-0.2}$ mm 以内，使之符合图样要求	
步骤 9 　倒角调整车床		调整主轴转速手柄，转速调为 400 r/min	
步骤 10 倒角 C1	(1) 调整车刀	使车刀切削刃与工件轴线夹 45° 角	
	(2) 锐边对刀	移动床鞍、中滑板使用车刀接近工件外圆与端面交界处的锐边，再移动中滑板使车刀刀刃中段轻缓接触锐边	
	(3) 车倒角 C1	移动中滑板横进给至 1 mm 车出角度；或移动床鞍纵向进给至 1 mm 车出角度	
步骤 11 结束工作		(1) 工件加工完毕，卸下工件。 (2) 自检。自己用量具测量并填表。 (3) 互检。同学间相互检测。 (4) 交老师检测评价	

四、归纳小结

(1) 车端面步骤与方法归纳如下:

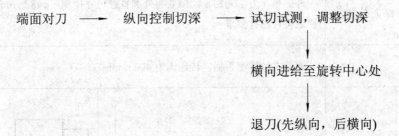

(2) 车外圆步骤与方法归纳如下:

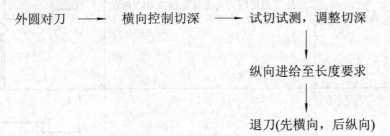

五、车削注意事项

1. 车端面时注意事项

(1) 一般先车的一面尽可能少车,其余量在另一面车去。

(2) 第一刀切削深度要深些,一般应超过硬皮层。

(3) 长度余量较大时,应利用床鞍刻度先粗车,后用小滑板精车端面取长度。

(4) 双手摇动中滑板车端面时,手动进给速度要保持均匀。

粗车时:当车刀刀尖车到端面中心时,可使车刀横向退刀。

精车时:当车刀刀尖车到端面中心时,应使车刀纵向离开工件端面后,再横向退回,可防止车刀拉毛已加工端面。

(5) 对毛坯料车端面前可先倒角,尤其是铸铁表面有一层硬皮时,可防止刀尖损坏。

2. 车外圆时注意事项

1) 车削时要注意"六先六后"

(1) 变换主轴转速时,应先停车,后变速。

(2) 对刀时,应先开车,后对刀。

(3) 车削完毕后,应先退刀,后停车。

(4) 测量工件时,应先停车,放空挡,后测量。

(5) 车削工件应考虑先粗车,后精车。

(6) 粗、精车工件时,均应先"试切试测",后测量。

2) 影响外圆精度达不到要求的因素与解决办法

(1) 测量不准确或游标卡尺读数不准。应加强测量和读尺练习。

(2) 中滑板刻度盘使用错误或对加工余量的计算错误。应了解中滑板刻度盘原理，加强计算练习。

3. 倒角时注意事项

(1) 倒角时，应使车刀切削刃与工件轴线成 45°夹角。

(2) 移动床鞍和中滑板时，控制切削刃与工件锐边轻微接触。

(3) 要利用中滑板或床鞍刻度盘来控制切入工件锐边的深度。

任务评价

车削端面和外圆任务评分评价表见表 2-9，请根据检测结果填表。

表 2-9　车削端面和外圆任务评分评价表

序号	检测项目	配分	评分标准	检测结果	得分
1	$\phi 48^{0}_{-0.2}$	24/4	超差不得分		
2	35 ± 0.15	22/2	超差不得分		
3	$C1$ 一处	6	超差不得分		
4	其他	2	超差不得分		
5	正确、规范使用，合理保养及维护	10	不符合要求不得分		
6	防护用品穿戴、严格执行"6S"管理制度	10	不符合要求不得分		
7	工艺安排合理，加工步骤正确，操作动作规范，工件完整无缺陷	10	不符合要求不得分		
8	定额时间 120 min	10	超时 5 分钟之内，扣 5 分,超过 5 分钟不得分		
总分		100	总得分		

项 目 小 结

端面、外圆加工是车削加工最基础的加工方法，也是工件加工中最常见的两种加工方式，是学习车削加工的关键一步，因此只有熟练掌握端面、外圆加工方法才能更好地学好车工。本项目从学习刃磨车刀、工件测量、端面及外圆加工方法三个方面阐述了加工工件所需要掌握的基础技能。

项目三　台阶轴车削训练

在项目二中，我们掌握了工件与刀具的装夹方法，学会了工件端面、外圆及倒角的车削方法。本项目的学习，将车削端面、外圆及倒角有机地结合起来，在掌握典型台阶轴工件车削方法的同时，学会钻中心孔、一夹一顶装夹等方法。

任务一　加工台阶轴

任务内容

轴类零件是车削加工中最常见的工件，一般由若干个外圆组成，在加工不同尺寸的时候需要对工件多次装夹，体现加工人员对车床操作的综合素养。

本任务需完成如图 3-1 所示台阶轴的加工。

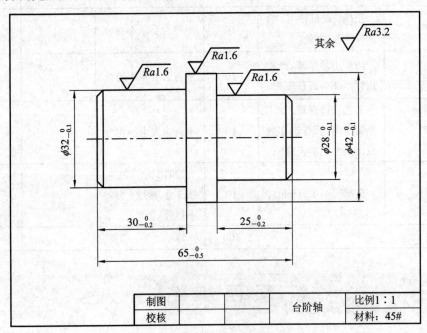

制图		台阶轴	比例1:1
校核			材料：45#

图 3-1　台阶轴

任务目标

(1) 了解台阶零件的技术要求及粗车成形的含义。

(2) 掌握车台阶轴常用车刀的选用。

(3) 掌握车削台阶轴类零件的车削方法。

(4) 掌握台阶长度的控制方法。

(5) 能运用已学知识分析产生废品的原因与预防措施。

 任务准备

车削轴类工件时，一般应将粗、精加工分开进行。如果轴的毛坯尺寸余量较大，则应通过粗加工将较多的余量切去，以保证精加工能够顺利进行；同时还要考虑轴的形状特点、技术要求、数量的多少和工件的安装方法。

一、轴类零件车削应注意的几个方面

(1) 轴类工件的定位基准一般选用中心孔。为了保证中心孔加工的质量，一般先车轴的端面，再在端面上钻中心孔。

(2) 如果车削较短的轴，可以采用卡盘直接装夹棒料，一次车成第一端、掉头再车另一端的办法来完成。

(3) 车削较长的轴时，必须采用两顶尖装夹的方法，一般至少要装夹三次，即粗车第一端，掉头再粗车和精车另一端，最后再精车第一端。

(4) 车削铸铁件时，最好先用 45°车刀先倒角后再车削，以避免铸铁坚硬的外皮和型砂损坏车刀。

(5) 车削台阶轴时，为了避免过早的降低工件的刚性，一般应先车削直径较大的一端，然后再车直径较小的一端。

(6) 如果工件车削后还需要进行磨削加工时，只需要粗车和半精车，并且注意要留磨削余量。

二、车台阶的操作方法

(1) 启动车床，车平端面，停车；

(2) 量出划线长度(划线长度不超过外圆长度)，启动车床，利用刀尖在工件表面划线；

(3) 启动车床，试切法加工外圆至要求尺寸，长度车至划线处；

(4) 当最后一刀车外圆至划线处时，溜板箱大手轮不动，记下中滑板刻度盘刻度，中滑板退刀，停车；

(5) 保证长度尺寸。

① 加工低台阶(台阶高度小于 5 mm)：测量已加工长度尺寸，算出长度余量，启动车床，转动中滑板手柄，将刀尖移至最后一刀车外圆时的中滑板刻度处，利用小滑板手柄进刀，切除长度余量，中滑板退刀，车出台阶的端面，保证长度尺寸。

② 加工高台阶：测量已加工长度尺寸，算出长度余量，利用小滑板手柄进刀(可分层切削)，控制工件长度。启动车床，转动中滑板手柄进行切削，切至最后一刀车外圆时的中滑板刻度处，再反向转动小滑板手柄，直至无切屑出现，中滑板退刀，车出台阶的端面，

保证长度尺寸。

三、台阶的测量

外圆表面直径可用游标卡尺或外径千分尺直接测量(见图 3-2)。台阶长度可用钢直尺、游标卡尺测量，对于长度要求精确的台阶可用深度尺来测量(见图 3-3)。

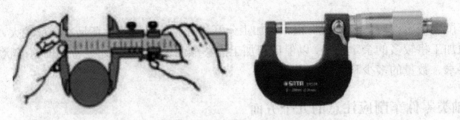

图 3-2　检测外圆尺寸示意图

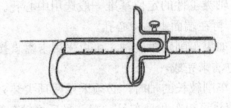

图 3-3　检测台阶长度示意图

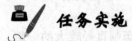 **任务实施**

(1) 车削工件时要分粗、精车；

(2) 先粗车端面、台阶外圆，长度方向尺寸均留 0.2 mm 左右、外圆留 0.2 mm 左右精车余量，即粗车成形；

(3) 然后再精车端面、精车台阶面和外圆达到图样要求，最后再进行倒角 C1 和锐边倒钝；

(4) 加工步骤(图 3-1)：先粗加工外圆 $\phi28$，掉头分别粗、精加工外圆 $\phi42$、$\phi32$ 并倒角，最后掉头精加工外圆 $\phi28$ 并倒角。表 3-1 介绍粗、精加工外圆 $\phi32$、$\phi42$ 的步骤。

表 3-1　台阶轴车削步骤

步　骤	工　作　内　容	图　示
步骤 1 工件安装	将工件装夹在三爪自定心卡盘上，通过找正、夹紧操作，使工件安装牢固可靠	
步骤 2 粗车调整车床	调整主轴转速手柄，转速调为 400 r/min	

步　骤		工　作　内　容	图　示
步骤3 粗车端面 控制长度尺寸 65.2 mm 左右		(1) 端面对刀。 (2) 纵向控制切深。 (3) 试切试测，调整切深。 (4) 横向进给至旋转中心处。 (5) 退刀	
步骤4 刻线痕 (刻度盘控制法)	(1) 确定刻线痕起点	目测刀尖与工件端面齐平(或用端面对刀方法确定)，将床鞍刻度盘刻度调整到整数位置(调零)	
	(2) 移动床鞍至粗车台阶长度刻线痕	摇动床鞍手轮，纵向移动床鞍至比台阶长度小 0.5 mm，再横向移动车刀轻碰工件外圆表面	24.5
	(3) 复检线痕长度	停止主轴转动，将主轴变速手柄调整到空挡，用钢直尺测量线痕长度是否符合要求。若不正确进行纠正	
步骤5 粗车外圆至 ϕ32.2 mm 左右，长度至线痕处		(1) 外圆对刀。	

步　骤	工　作　内　容	图　示
步骤 5 粗车外圆至 ϕ32.2 mm 左右，长度至线痕处	(2) 横向控制切深。 (3) 试切试测，调整切深。 (4) 纵向进给至线痕处。 (5) 退刀，测量。 (6) 根据测量结果继续进刀。 (7) 重复第(4)～(6)，直至规定尺寸。	
步骤 6 精车调整车床	调整主轴转速手柄，转速调为 600 r/min	

步　骤		工 作 内 容	图 示
步骤7 精车端面，保证工件总长度 $65_{-0.5}^{0}$ mm		端面精车方法同粗车，但要将工件总长尺寸控制在 $65_{-0.5}^{0}$ mm 以内，使之符合图样要求	
步骤8 精车台阶面保证台阶长度 $25_{-0.2}^{0}$ mm	(1) 台阶面对刀	移动床鞍、中滑板使车刀刀尖靠近工件台阶面，再移动小滑板使刀尖轻碰台阶面后，移动中滑板将车刀横向退出	
	(2) 纵向控制切深	根据测量长度与图样要求，计算出小滑板所需进的格数，并摇动小滑板使刻度到位	
	(3) 试切试测，调整切深	移动中滑板使车刀刀尖横向进给至外圆处后，再将车刀横向退出。停止主轴，放空挡位置，测量台阶长度，对比图样要求，是否符合，若小于图样要求，重新进行计算并移动小滑板格数，进行第2次进给车削。 　操作提示：中滑板横向进给车削台阶面时，不能将车刀刀尖移动至外圆内，以防止产生台阶清角处产生凹坑	
	(4) 横向进给至外圆处	低台阶面在试切试测时完成，高台阶面考虑试切长度不要超过2~3 mm，待试测正确后，横向进给至外圆处	

续表四

步　骤		工　作　内　容	图　示
步骤 8 精车台阶面保 证台阶长度 $25_{-0.2}^{0}$ mm	(5) 横向 退刀	移动中滑板将车刀横向退出	
	(6) 复检	用深度游标卡尺复检台阶长 度是否符合图样要求	
步骤 9 精车外圆保证直 径为 $\phi 42_{-0.1}^{0}$ mm、 $\phi 28_{-0.1}^{0}$ mm、 $\phi 32_{-0.1}^{0}$ mm		运用车外圆技能将外圆直径车至符合图样 要求。 操作提示：当纵向进给至台阶面时，不能 破坏台阶长度尺寸	
步骤 10 调整车床		调整主轴转速手柄，转速调为 400 r/min	
步骤 11 倒角 $C1$ mm、 $0.3 \times 45°$		利用 45° 车刀完成倒角 $C1$ 和锐边倒钝 $0.3 \times 45°$	

续表五

步　骤	工　作　内　容	图　示
步骤 12 结束工作	(1) 工件加工完毕，卸下工件。 (2) 自检。自己用量具测量并填表。 (3) 互检。同学间相互检测。 (4) 交老师检测评价	

加工注意事项：

(1) 粗、精车时应合理选择切削用量，且体现"粗车成形"的车削特点，精车台阶轴时应遵循"先精车各台阶长度，后精车各档外圆"的原则。

(2) 用一次安装粗精加工左侧各外圆完成垂直度的控制，掉头安装时用百分表校正基准外圆表面来保证同轴度的控制。

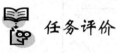 **任务评价**

台阶轴加工任务评分评价表见表 3-2，请根据检测结果填表。

表 3-2　台阶轴加工任务评分评价表

序号	检测内容	配分	评分标准	检测结果	得分
1	外圆 $\phi28_{-0.1}^{0}$　$Ra1.6$	8 / 2	精度超差不得分，表面粗糙度上升一级扣 1 分，扣完为止		
2	外圆 $\phi42_{-0.1}^{0}$　$Ra1.6$	8 / 2			
3	外圆 $\phi32_{-0.1}^{0}$　$Ra1.6$	8 / 2			
4	长度 $25_{-0.2}^{0}$右侧	6 / 2			
5	长度 $30_{-0.2}^{0}$左侧	6 / 2			
6	长度 $65_{-0.5}^{0}$　　总长	6 / 2			
7	$1\times45°$，$0.3\times45°$	6	不符合要求不得分		
8	正确、规范使用，合理保养及维护，	10	不符合要求不得分		
9	防护用品穿戴、严格执行"6S"管理制度	10	不符合要求不得分，发生较大事故取消考试资格		
10	工艺安排合理，加工步骤正确，操作动作规范，工件完整无缺陷	10	不符合要求不得分		
11	定额时间 30 min	10	超时 5 分钟之内，扣 5 分，超过 5 分钟不得分		
总分		100	总得分		

任务二 一夹一顶车削台阶轴

任务内容

通过对较长工件钻出中心孔，掌握一夹一顶的安装方法，并就车削过程中产生的圆柱度误差能分析原因，并学会通过尾座调整来消除其误差的技能，从而进一步巩固车削台阶零件的方法与检测技能。

本任务通过加工如图 3-4 所示工件完成一夹一顶安装方法的学习。

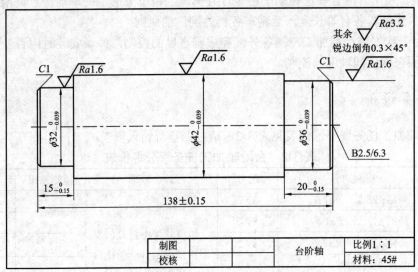

图 3-4 台阶轴

任务目标

(1) 了解中心孔的类型，掌握钻中心孔方法及注意事项。

(2) 了解尾座结构，会调整尾座偏移。

(3) 了解后顶尖种类，掌握后顶尖的使用方法。

(4) 掌握一夹一顶安装轴类零件的方法，并会找正尾座偏移。

(5) 掌握一夹一顶车削轴类零件的方法。

(6) 能运用已学知识分析产生废品的原因及预防措施。

任务准备

一、中心孔和中心钻类型

国家标准 GB145−85 规定中心孔有四种：A 型(不带保护锥)、B 型(带护锥)、C 型(带螺纹孔)和 R 型(带弧型)，其类型、结构及用途见表 3-3。

表 3-3　中心孔的类型、结构及用途

类型	A 型	B 型	C 型	R 型
适用对象	精度要求一般的工件	精度要求较高或工序较多的工件	当需要把其他零件轴向固定在轴上时	轻型和高精度轴类工件
使用的中心钻				
结构图				
结构说明	由圆柱孔和圆锥孔两部分组成	在 A 型中心孔的端部再加工一个 120° 的圆锥面，用以保护 60° 锥面不致拉毛碰伤，并使工件端面容易加工	在 B 型中心孔的 60° 锥孔后面加工一短圆柱孔(保证攻制螺纹时不碰毛 60° 锥孔)，后面还用丝锥攻制成内螺纹	形状与 A 型中心孔相似，只是将 A 型中心孔的 60° 圆锥面改成圆弧面，这样使其与顶尖的配合变成线接触

中心孔的加工质量很重要。由于中心钻的直径较小，钻中心孔时极易出现各种问题，其产生的原因及解决办法见表 3-4。

表 3-4　钻中心孔时容易出现的问题及原因与解决办法

问　题	产　生　原　因	解　决　办　法
中心钻折断	(1) 中心钻未对准工件旋转中心； (2) 工件端面不平或有凸头，使中心钻不能定心； (3) 切削用量选择不当，转速太低，进给量过大； (4) 中心钻磨损后强行钻入工件； (5) 切屑堵塞在中心孔内； (6) 钻削温度太高	(1) 调整尾座中心与工件旋转中心一致； (2) 工件端面要车平； (3) 转速取高些，手动进给小些； (4) 及时刃磨或更换中心钻； (5) 及时退出中心钻排屑； (6) 加注冷却液

问　题	产　生　原　因	解　决　办　法
中心孔质量差	(1) 中心孔钻偏或不圆。工件弯曲未校直，使中心孔与外圆产生偏差；夹紧力不足，钻中心孔时工件移位，造成中心孔不圆；工件伸出过长，离心力造成中心孔不圆；钻中心孔结束时，未停顿1~2 s，退出过快。 (2) 当中心孔钻得过深时导致顶尖不能与中心孔锥孔贴合。 (3) 当中心钻修磨过短钻削中心孔时，导致顶尖尖端与中心孔底部接触	(1) 检查坯料进行校直处理；工件与中心钻均要夹紧；伸出过长的工件考虑使用中心架。 (2) 控制中心钻钻削深度。 (3) 及时更换中心钻

二、尾座的结构与使用

1. 尾座的结构

尾座在车削加工中起到配合钻孔、支撑工件等作用。尾座由尾座体、底座和套筒等组成，如图 3-5 所示。尾座套筒的锥孔由于锥度较小，顶尖 5 安装后有自锁作用。顶尖用来支顶较长的工件。摇动手轮 9 时，丝杠 10 也随着旋转，如把套筒锁紧手柄 11 扳紧，就能把套筒锁住不动。尾座沿床身导轨方向移动时，先松开尾座锁紧手柄 7，尾座移动到所需要的位置后，再通过尾座锁紧手柄 7 靠压块 8 压紧在床身上。调节螺钉 6 用来调整尾座中心。

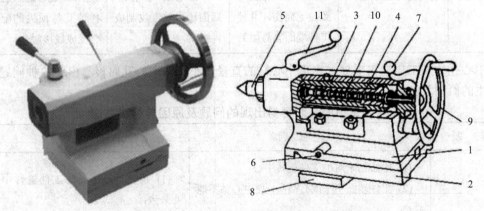

1—尾座体；2—底座；3—套筒；4—螺母；5—顶尖；6—调节螺钉；
7—尾座锁紧手柄；8—压块；9—手轮；10—丝杠；11—套筒锁紧手柄

图 3-5　CA6140 型卧式车床尾座

2. 后顶尖

插入尾座套筒锥孔中的顶尖叫后顶尖，后顶尖有固定顶尖和回转顶尖两种。常见顶尖类型和适用场合见表 3-5。

表 3-5 常用顶尖类型与适用场合

类 型	固 定 顶 尖	回 转 顶 尖
适用对象	低速加工、精度要求较高的工件	高低速加工、精度要求不太高的工件
结构图	普通固定顶尖 硬质合金固定顶尖 	
优缺点	优点：刚性好，定心准确，切削时不易产生振动。 缺点：顶尖与工件中心孔间有相对滑动，易磨损和产生高热	优点：顶尖与中心孔间无相对滑动。(顶尖与中心孔的滑动摩擦变成了顶尖内部的轴承的滚动摩擦) 缺点：定心精度与刚性稍差

三、一夹一顶安装工件

如图 3-6 所示，装夹时将工件一端用三爪自定心卡盘 2 夹紧，而另一端用后顶尖 4 支顶的装夹方法，称为一夹一顶装夹。

一夹一顶安装工件比较安全、可靠，能承受较大的轴向切削力，因此它是车工常用的装夹方法。

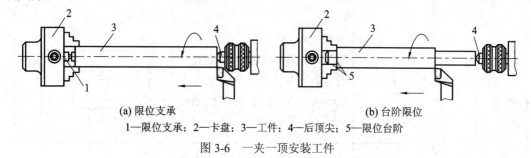

(a) 限位支承   (b) 台阶限位

1—限位支承；2—卡盘；3—工件；4—后顶尖；5—限位台阶

图 3-6 一夹一顶安装工件

一夹一顶装夹轴类零件的操作步骤为：

(1) 工件一端车一小段限位台阶或在卡盘内放置限位支撑，另一端钻出合适中心孔；

(2) 利用卡盘夹持工件台阶面，尾座后顶尖与中心孔配合，注意配合松紧合适；

(3) 卡盘夹持部分不宜过长，以防产生重复定位；尾座后顶尖与中心孔配合不完全时产生摇晃，会影响零件加工质量；

(4) 调整尾座轴线，与主轴旋转轴线重合；

(5) 在不影响车刀进刀的前提下，车床尾座套筒伸出长度尽量短些，以增加尾座套筒的刚性。

注意事项：

当用一夹一项的方式安装工件时，为了防止进给力的作用使工件轴向窜动，通常在卡盘内装一个轴向限位支承(见图3-6(a))，或在工件的被夹持部位车削一个约10～20 mm的台阶，作为轴向限位(见图3-6(b))。

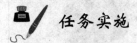

任务实施

一、任务准备

1. 原材料准备

坯料为45钢。数量为1件/人。

2. 工量刀具准备

0～150 mm钢直尺、0～150 mm游标卡尺、0～150 mm深度游标卡尺、25～50 mm千分尺，90°车刀、45°车刀，一字螺丝刀、活络扳手等。

3. 设备准备

CA6140、砂轮机。

二、任务实施步骤

车台阶轴的方法与步骤见表3-6。

表3-6　车台阶轴的方法与步骤

步　骤	工　作　内　容	图　示
步骤1 车装夹位置	(1) 工件装夹与找正　　将三爪卡盘卡爪松开至圆棒料直径大小(目测判断)。右手握持工件放入卡盘孔中，伸出长度约20 mm左右，找正并夹紧工件	20
	(2) 车刀安装　　按车刀安装要求，完成90°车刀和45°车刀的安装	20　6°～8°　2°～3°

续表一

步　骤		工 作 内 容	图　示
步骤1 车装夹位置	(3) 粗车 端面	转速取 500 r/min，进给量取 0.3 mm/r，粗车端面，光出即可，总长应留有足够的余量	
	(4) 粗车台阶，形成装夹位置	用刻线痕法粗车台阶至 φ33 × 13 mm	
步骤2 粗精车端面	(1) 工件安装	将三爪卡盘卡爪松开，拿下工件掉头安装，右手握持工件放入卡盘孔中，伸出长度约 20 mm 左右，找正并夹紧工件	
	(2) 粗车端面	转速取 500 r/min，进给量取 0.4 mm/r，粗车端面，控制总长约 138.7 mm 左右	
	(3) 精车端面	转速取 1000 r/min，进给量取 0.1 mm/r，精车端面，控制总长约 138.5 mm 左右	
步骤3 钻中心孔	(1) 选择与装夹中心钻	根据图 3-4 图样中心孔要求，选择 B2.5 型中心钻	

步　骤		工　作　内　容	图　示
步骤3 钻中心孔	(1) 选择与装夹中心钻	将钻夹头擦净后插入尾座锥孔中，用钻夹头钥匙逆时针转动钻夹头外套，松开卡爪。将B2.5中心钻插入钻夹头的三爪中，调整中心钻伸出长度(一般排屑槽伸在三爪外侧)，顺时针转动钻夹头外套夹紧中心钻	松开钻夹 用钥匙扳手夹紧中心钻(顺时针转动)
	(2) 校正尾座中心	调整主轴转速为 1000 r/min，开车后移动尾座使中心钻接近工作端面，利用尾座锁紧手柄将尾座锁紧	中心钻对中心
	(3) 钻削B2.5中心孔	摇动尾座手轮，手动控制钻削进给量约为 0.05～0.2 mm/r。当中心钻刚接触工件时，进给量要小些，确保其定心，进入工件后适当放快些，中途视钻屑排出情况可退出1～2次排屑来保证钻削顺利，最后当120°保护锥形成时，可稍停上进给约1～2 s以修光中心孔，然后退出	

步　骤		工　作　内　容	图　示
步骤 4 调整尾座位置,形成一夹一顶装夹工件	(1) 工件一夹一顶安装方法	夹住 $\phi33 \times 13$ mm 外圆,调整尾座位置用后顶尖支顶。 　　操作提示:先轻夹 $\phi33 \times 13$ mm,轴向移动尾座靠近后,锁紧尾座,轻微松开工件,右手托起工件轴向移动使中心孔与后顶尖紧密接触(工件与后顶尖同步转动——定心),左手转动卡盘扳手轻夹工件,摇动尾座手轮使工件移动至限位支承台阶面与卡爪面接触为止,然后夹紧工件,并锁紧尾座套筒	
	(2) 一夹一顶安装对刀法初步校正尾座中心方法	主轴转速取 500 r/min,进给量取 0.4 mm/r。 　　利用中滑板刻度在工件两端分别对刀,通过中滑板刻度值变化,判断车床尾座中心是否偏移,从而判断工件圆柱度误差是否过大。若刻度值相差过大,可通过尾座横向移动来调整。(具体方法见以下操作提示)	
步骤 5 粗车右侧各台阶		主轴转速取 500 r/min,进给量取 0.4 mm/r。 　　用刻线痕法粗车右侧各台阶至: 　　(1) 外圆 $\phi42.3$ mm,长度大于 123 mm(接近卡爪处); 　　(2) 外圆 $\phi36.3$ mm,长度 19.6 mm	
步骤 6 精车右侧各台阶至图样要求		主轴转速取 1000 r/min,进给量取 0.1 mm/r。 　　采用台阶精车方法,精车右侧各台阶至图样要求	

续表四

步　骤	工 作 内 容	图　示
步骤 7 倒角	主轴转速取 500 r/min， 调整车刀使 45° 车刀处于工件位置，进行倒角 1 × 45° 和 0.3 × 45°	
步骤 8 工件掉头安装	用三爪自定心卡盘夹住 $\phi 42_{-0.039}^{0}$ mm 外圆，校正，夹紧	
步骤 9 粗车端面	主轴转速取 500 r/min，进给量取 0.4 mm/r。 粗车端面，控制总长至 138.3 mm 左右	
步骤 10 粗车左侧台阶	粗车左侧台阶至 $\phi 32.3 \times 14.6$ mm	

续表五

步　骤	工　作　内　容	图　示
步骤 11 精车端面	主轴转速取 1000 r/min，进给量取 0.1 mm/r。 精车端面保证工件总长尺寸 138 ± 0.15 mm	
步骤 12 精车左侧台阶	主轴转速取 1000 r/min，进给量取 0.1 mm/r。 (1) 精车台阶长度 $15_{-0.15}^{0}$ mm； (2) 精车台阶外圆 $\phi 32_{-0.039}^{0}$ mm	
步骤 13 倒角	主轴转速取 500 r/min， 调整车刀使 45° 车刀处于工件位置，进行倒角 $1 \times 45°$ 和 $0.3 \times 45°$	
步骤 14 结束工作	(1) 工件加工完毕，卸下工件。 (2) 自检。自己用量具测量并填表。 (3) 互检。同学间相互检测。 (4) 交教师检测评价	

注意事项：

(1) 一夹一顶车削中，若发现工件产生轴向移位时，需注意后顶尖的支顶，并及时给予调整，以防滑出发生事故。

(2) 顶尖支顶不应过松或过紧，支顶后，用手用力卡住顶尖止住，放开后能转动为宜。

(3) 在不影响车刀切削的前提下，尾座套筒应尽量伸出短些，以提高工件安装刚性，减少振动。

(4) 粗车台阶工件时，台阶长度余量一般只需留起始台阶面处。

(5) 一夹一顶的装夹位置不宜过长，一般为 10～20 mm。

(6) 调整尾座时要注意工件圆柱度的方向性，一般大端在卡盘处，小端在尾座处。

(7) 台阶处应保持垂直，清角，并防止凹抗和小台阶。

(8) 用对刀法确定圆柱度误差时，应注意中滑板两处对刀轻重一致，以减少误差。

任务评价

一夹一顶装夹加工任务评分评价表见表 3-7，请根据检测结果填表。

表 3-7 一夹一顶装夹加工任务评分评价表

序号	检测项目	配分	评分标准	检测结果	得分
1	外圆 $\phi36_{-0.039}^{0}$　$Ra1.6$	8/2	精度超差不得分，粗糙度上升一级扣1分，扣完为止		
2	外圆 $\phi42_{-0.039}^{0}$　$Ra\,1.6$	8/2			
3	外圆 $\phi32_{-0.039}^{0}$　$Ra\,1.6$	8/2			
4	长度 $15_{-0.15}^{0}$ 左侧 $Ra\,3.2$	4/1			
5	长度 $20_{-0.15}^{0}$ 右侧 $Ra\,3.2$	4/1			
6	长度 138 ± 0.15	4			
7	中心孔 B2.5/6.5　$Ra\,3.2$	6			
8	圆柱度 0.04	6	不符合要求不得分		
9	倒角 $1\times45°$，$0.3\times45°$	4	不符合要求不得分		
10	正确、规范使用，合理保养及维护	10	不符合要求不得分		
11	防护用品穿戴、严格执行"6S"管理制度	10	不符合要求不得分，发生较大事故取消考试资格		
12	工艺安排合理，加工步骤正确，操作动作规范，工件完整无缺陷	10	不符合要求不得分		
13	定额时间 30 min	10	超时5分钟之内，扣5分，超过5分钟不得分		
	总分	100	总得分		

项 目 小 结

本项目通过完成台阶轴的加工，学习了工件掉头装夹的校调方法、台阶面处理要点以及一夹一顶的装夹方法，为学习加工综合零件打下基础，同时本项目所讲述的技能方法也是车削加工中的重点知识。

项目四 车外沟槽和切断训练

沟槽一般用作退刀或密封，还能作为轴肩部的清角，使零件装配时有一个正确的轴向位置。切断加工在用较长毛坯加工较短零件时也经常用到。因此，车槽和切断在车削加工中是必不可少的。

用车削方法加工工件的槽称为车槽(或切槽)。把坯料或工件切成两段(或数段)的加工方法称为切断。在车床上切断一般采用正向切断法，即车床的主轴(工件)正转，切断刀横向进给对工件进行车削。

本项目是进行车外沟槽和切断加工，如图 4-1 所示。

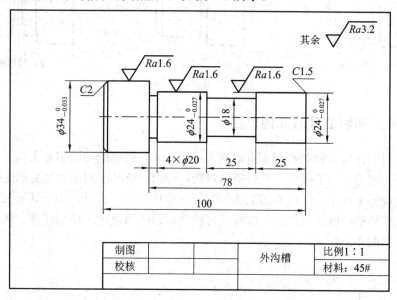

图 4-1 任务图纸

任务 沟槽、切断的车削加工

 任务内容

(1) 对待加工工件进行工艺分析，并确定加工步骤。

(2) 外圆柱面、台阶、沟槽的车削加工。

(3) 零件尺寸精度、表面粗糙度及形位精度的检测。

任务目标

(1) 了解切断的概念和外沟槽的种类。

(2) 掌握外沟槽刀、切断刀的刃磨及装夹方法。

(3) 学会用直进法和左右借刀法切断工件。

(4) 分析车外沟槽和切断加工时产生废品的原因，掌握预防产生废品的方法。

任务准备

常见的外圆沟槽有外圆直槽、圆弧沟槽和梯形槽等多种形式，如图 4-2 所示。

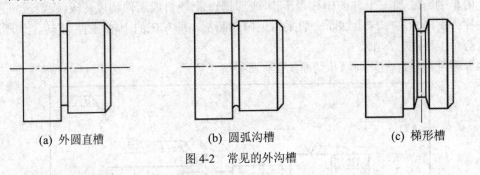

(a) 外圆直槽　　　　(b) 圆弧沟槽　　　　(c) 梯形槽

图 4-2　常见的外沟槽

一、外切槽刀和切断刀的几何角度

通常使用的切槽刀和切断刀都是以横向进给为主，前端的切削刃是主切削刃，两侧的切削刃是副切削刃。为了减少工件材料的浪费，防止切断时因刀头太宽而产生振动以及保证切断时能切至工件中心，切断刀的主切削刃一般比较窄。另外，由于切断刀刀头较长，刀头强度比其他车刀低，因此，在选择几何参数和切削用量时应特别注意。高速钢切断刀的几何形状如图 4-3 所示。

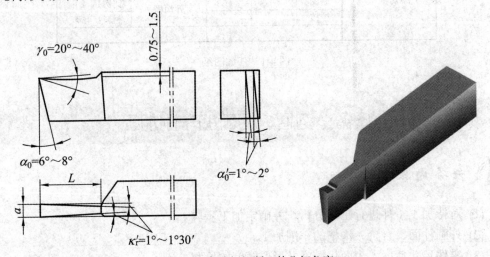

图 4-3　高速钢切断刀的几何角度

1. 前角(γ_0)

切断中碳钢工件时，$\gamma_0 = 20° \sim 30°$。切断铸铁工件时，$\gamma_0 = 0° \sim 10°$。

2. 主后角(α_0)

主后角 α_0 一般取 $6° \sim 8°$。切断塑性材料时取大些，切断脆性材料时取小些。

3. 副后角(α'_0)

切断刀有两个对称的副后角，作用是减少切断刀副后面和工件两侧已加工表面之间的摩擦。考虑到切断刀的刀头狭长，两个副后角不宜太大，否则将影响切断刀刀头的强度。副后角 α'_0 一般取 $1° \sim 2°$。

4. 主偏角(κ_r)

切断刀以横向进给为主，主偏角 $\kappa_r = 90°$。为防止切断时在工件端面中心处留有小凸台，以及使带孔工件不留飞边，可将切断刀主切削刃略磨斜(大约 3°)，如图4-4所示为斜刃切断。

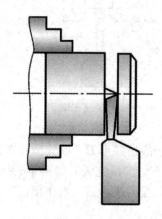

图4-4 斜刃切断

二、外切槽刀和切断刀的刃磨要求

刃磨外切槽刀和切断刀时，应先磨两副后面，其次磨主后面，保证主切削刃平直，最后磨断屑槽和负倒棱。为了保护刀尖、提高刀具寿命，降低切断面的表面粗糙度，可以在两边刀尖处各磨一个小圆弧。

三、外切槽刀和切断刀的安装要点

(1) 安装时，切槽刀和切断刀都不宜伸出太长，以增加刀具刚度。

(2) 切断刀的主切削刃必须与工件轴线平行，两副后角也应对称，以保证槽底平整。

(3) 切断实心工件时，切断刀的主切削刃必须与工件中心等高，否则不能车到工件中心，并且容易崩刃，甚至断刀。

四、车削外沟槽和切断的方法

1. 车削外沟槽的方法

(1) 车削精度不高、宽度较窄的沟槽，可用刀宽等于槽宽的车槽刀，采用一次直进法车出，如图 4-5(a)所示。

(2) 车削精度要求较高的沟槽时，一般采用两次直进法车出，即第一次车槽时槽壁两侧和槽底留精车余量，然后根据槽深和槽宽余量分别进行精车，如图 4-5(b)所示。

(3) 车较宽沟槽时，可用多次直进法，并在槽壁两侧和槽底留精车余量，最后根据槽深、槽宽进行精车，如图 4-5(c)所示。

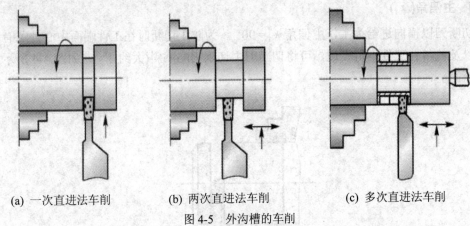

(a) 一次直进法车削　　　(b) 两次直进法车削　　　(c) 多次直进法车削

图 4-5　外沟槽的车削

(4) 车削较窄的梯形槽时，一般用成形刀一次完成；车削较宽的梯形槽时，通常先切直槽，然后用梯形刀直进法或左右切削法完成，如图 4-6 所示。

(5) 车削较窄的圆弧槽时，一般用成形刀一次车出；车削较宽的圆弧槽时，可用双手联动车削，用样板检查并不断修整。

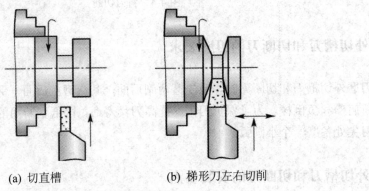

(a) 切直槽　　　　　(b) 梯形刀左右切削

图 4-6　车较宽梯形槽的方法

2. 切断的方法

(1) 直进法切断工件，如图 4-7(a)所示。

(2) 左右借刀法切断工件，如图 4-7(b)所示。

(3) 反切法切断工件，如图 4-7(c)所示。

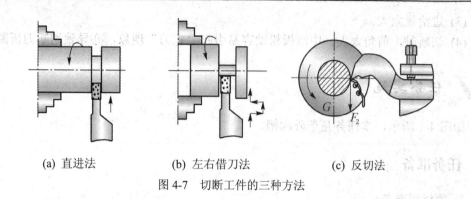

(a) 直进法　　　　　(b) 左右借刀法　　　　　(c) 反切法

图 4-7　切断工件的三种方法

五、沟槽的检查和测量

(1) 精度要求低的沟槽，可用钢直尺测量其宽度，用钢直尺、外卡钳相互配合等方法测量槽底直径，如图 4-8(a)、(b)所示。

(2) 精度要求高的沟槽，通常用外径千分尺测量沟槽槽底直径，如图 4-8(c)所示；用样板和游标卡尺测量其宽度，如图 4-8(d)、(e)所示。

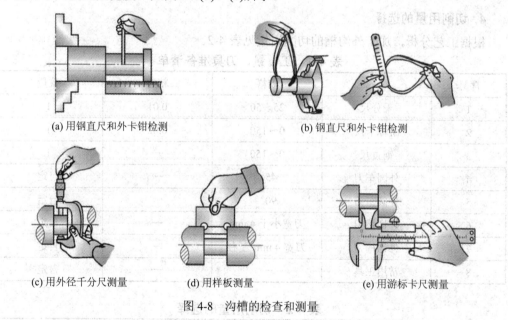

(a) 用钢直尺和外卡钳检测　　　　　(b) 钢直尺和外卡钳检测

(c) 用外径千分尺测量　　　(d) 用样板测量　　　(e) 用游标卡尺测量

图 4-8　沟槽的检查和测量

六、切断刀折断的原因

切断刀折断的原因有以下几点：

(1) 切断刀的几何形状磨得不正确。副偏角、副后角、主后角太大，断屑槽过深；主切削刃太窄、刀头过长等都会使刀头强度削弱而折断。如果这些角度磨得太小或没有磨出，则副切削刃、副后面与工件表面会发生强烈的摩擦，亦可使切断刀折断；如果刀头磨得歪斜或装夹歪斜，切断时两边受力不均，也会使切断刀折断。

(2) 切断刀装夹歪斜后，一侧副后角或副偏角将为零或负值，操作时易产生干涉而折断。

(3) 进给量太大。

(4) 切断时，前角太大、中滑板松动容易引起"扎刀"现象，亦导致切断刀折断。

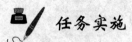

任务实施

如图 4-1 所示，本任务是车外沟槽。

一、任务准备

1. 原材料准备

本任务所用零件材料为 45 钢，毛坯规格为 ϕ40 mm × 105 mm，数量为 1 件/人。

2. 机床设备准备

本任务所用机床为 CA6140，另需准备砂轮机一台。

3. 刀具、量具准备

为了加工外沟槽，根据工艺分析，工、量具及刀具准备清单如表 4-1 所示。

4. 切削用量的选择

根据工艺分析，加工外沟槽的切削用量见表 4-2。

表 4-1　工、量、刀具准备清单

序号	名称	规格	精度	数量
1	千分尺	25～50	0.01	1
2	游标卡尺	0～150	0.02	1
3	钢直尺	0～150	—	1
4	外圆车刀	45°	—	自定
5	外圆车刀	90°	—	自定
6	外切槽刀	刀宽小于 4 mm	—	自定
7	外切槽刀	刀宽 4 mm 左右	—	自定
8	常用工具	—	—	自定

表 4-2　切削用量的选择

刀具	加工内容	主轴转速 /(r/min)	进给量 /(mm/r)	背吃刀量 /mm
45° 外圆车刀	车端面	800	0.1	0.1～1
90° 外圆车刀	粗车外圆	500	0.3	2
	精车外圆	1000	0.1	0.25
外切槽刀	粗车沟槽	500	0.05	—
	精车沟槽	800	0.05	0.2

二、任务实施步骤

外沟槽车削加工步骤见表 4-3。

表 4-3 外沟槽车削加工步骤

加 工 步 骤	图 示	加 工 内 容
1		工件伸出卡爪 40 mm 左右，校正并夹紧；粗、精车端面；粗、精加工 φ34 mm × 25 mm 外圆，并保证表面粗糙度
2		掉头装夹并校正，粗、精车端面并保证总长；打中心孔
3		重新调整装夹，采用一夹一顶；粗、精加工 φ24 mm × 78 mm 并保证表面粗糙度；倒角 C1.5
4		粗、精加工 4 mm × φ20 mm 的外圆槽
5		粗、精加工 2.5 mm × φ18 mm 的外圆槽至尺寸要求；根据图纸要求倒角、去毛刺；仔细检查各部分尺寸；最后卸下工件，完成操作

注意事项：

(1) 车槽刀主刀刃和工件轴心线应平行，否则车成的沟槽槽底一侧直径大，另一侧直径小，成竹节形。

(2) 车沟槽、切断前，应调整床鞍、中滑板、小滑板间隙，以防间隙过大产生振动和"扎刀"现象。

(3) 用高速钢切槽时，应浇注切削液；用硬质合金刀切槽时，中途不准停车，以免刀刃碎裂。

 任务评价

外沟槽车削加工任务评分评价表见表 4-4，请根据检测结果填表。

表 4-4　外沟槽任务评分评价表

序号	检测项目	配分	评 分 标 准	检测结果	得分
1	$\phi 34_{-0.033}^{0}$、$Ra1.6$	10/5	每超差 0.01 扣 2 分、每降一级扣 2 分		
2	$\phi 24_{-0.027}^{0}$、$Ra1.6$	10/5	每超差 0.01 扣 2 分、每降一级扣 2 分		
3	$\phi 24_{-0.027}^{0}$、$Ra1.6$	10/5	每超差 0.01 扣 2 分、每降一级扣 2 分		
4	100	5	超差不得分		
5	78	5	超差不得分		
6	25	5	超差不得分		
7	25	5	超差不得分		
8	$\phi 18$	10	超差不得分		
9	$4 \times \phi 20$	10	每处不符合扣 5 分		
10	倒角、去毛刺	5	每处不符合扣 3 分		
11	安全操作规程	10	相关安全操作规程，酌情倒扣 1~10 分		
	总分	100	总得分		

 拓展训练

一、工件图样

多槽轴的加工，见图 4-9。

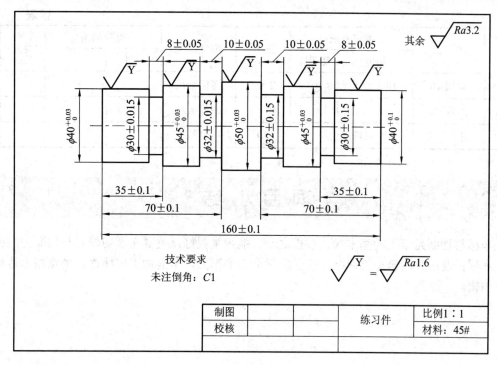

图 4-9 多槽轴工件

二、工件加工评分表

多槽轴工件加工评分评价具体要求见表 4-5，请根据检测结果填表。

表 4-5 多槽轴工件加工评分评价表

总工时：						总得分：		
序号	项 目	考核要求		配分	测量工具	检验结果		得分
		精度	粗糙度			自评	互评	
1	外圆ϕ45	$\phi45^{+0.03}_{0}$	$Ra1.6$	6/2	千分尺			
2	外圆ϕ45	$\phi45^{+0.03}_{0}$	同上	6/2	千分尺			
3	外圆ϕ40	$\phi40^{+0.03}_{0}$	同上	6/2	千分尺			
4	外圆ϕ32	$\phi32\pm0.015$	同上	6/2	千分尺			
5	外圆ϕ30	$\phi30\pm0.015$	同上	6/2	千分尺			
6	长度160	160 ± 0.1		4	游标卡尺			
7	长度70	70 ± 0.1		2×5	游标卡尺			
8	长度35	35 ± 0.1		2×5	游标卡尺			
9	切槽8	8 ± 0.05		2×6	游标卡尺			

序号	项　目	考核要求		配分	测量工具	检验结果		得分
		精度	粗糙度			自评	互评	
10	切槽 10	10 ± 0.05		2 × 7	游标卡尺			
11	倒角 C1			10 × 1	游标卡尺			
12	安全文明	现场记录		10	目测			

项 目 小 结

　　车槽与切断是车工的基本操作技能之一，能否掌握好，关键在于切槽刀与切断刀的刃磨。本项目通过外沟槽加工训练，使学生学会刃磨车刀，车削加工出槽深、槽宽精度达标的外沟槽。

项目五　钻孔、镗孔训练

　　在机械制造中，许多零件由于配合的需要，一般都具有圆柱孔，如齿轮内孔、带轮内孔、各类轴套等。本项目主要介绍麻花钻的刃磨、钻孔、镗孔刀的刃磨及车削圆柱孔零件和测量圆柱孔孔径的方法。

　　齿轮、轴套和带轮等机器零件的内圆柱面的加工，通常在车床上采用钻孔、扩孔、镗孔(也称车孔)和铰孔等方法来完成。用钻头在实体材料上加工孔的方法叫钻孔，钻孔加工属于粗加工。镗孔是常用的孔加工方法之一，既可以作为粗加工，也可以作为精加工，加工范围很广。如图 5-1 所示，本项目主要是进行钻孔和镗孔加工。

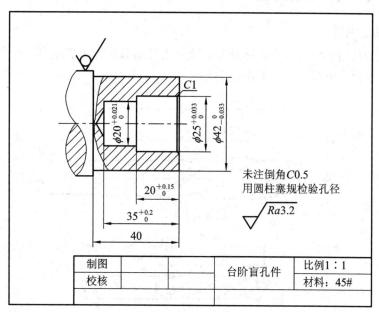

制图			台阶盲孔件	比例1：1
校核				材料：45#

图 5-1　车台阶盲孔

任务　钻孔及台阶盲孔的车削加工

任务内容

　　(1) 识读零件图，进行加工工艺分析，并确定其加工步骤。

　　(2) 外圆柱面、钻孔及台阶盲孔的车削加工方法。

　　(3) 零件的尺寸精度、表面粗糙度及形位精度的检测。

任务目标

(1) 了解麻花钻的组成及形状，学会选择切削用量。

(2) 掌握麻花钻的刃磨要求，学会刃磨、装卸麻花钻。

(3) 学会钻孔的方法。

(4) 了解内孔车刀的种类，学会装夹内孔车刀。

(5) 掌握内孔车刀刃磨的角度，学会其刃磨方法。

(6) 学会车削内孔。

(7) 学会用塞规测量孔径。

 任务准备

一、麻花钻的组成及主要角度

1. 麻花钻的组成

麻花钻是最常用的钻头，它的钻身带有螺旋槽且端部具有切削能力。标准的麻花钻由柄部、颈部及工作部分等组成，如图 5-2 所示。

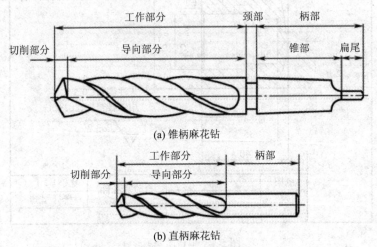

图 5-2　麻花钻的组成

(1) 柄部。柄部是钻头的装夹部位，装夹时起定心作用，钻削时起传递扭矩的作用。锥柄可传递较大扭矩(主要是靠柄的扁尾部分)，用于直径大于 12 mm 的钻头；直柄传递扭矩较小，一般用于直径小于 12 mm 的钻头。

(2) 颈部。颈部是柄部与工作部分的连接部分，并作为磨削外径时的砂轮退刀位置。直径较大的钻头在颈部标注有商标、钻头直径和材料牌号等。小直径钻头不做出颈部。

(3) 工作部分。麻花钻工作部分是钻头的主要部分，它包括导向部分和切削部分。图 5-3(a)所示为切削部分的各部位名称。切削部分主要担负切削工作。螺旋槽的一部分为前刀面，钻头的顶锥面为主后刀面。导向部分的作用是当切削部分切入工件后起导向作用，也是切削部分的后备部分。

2. 麻花钻的主要角度

麻花钻的主要几何角度如图 5-3(b)所示。麻花钻的几何角度对钻削加工的性能、切削力、排屑情况等都有直接的影响，使用时要根据加工材料和切削要求来选取。

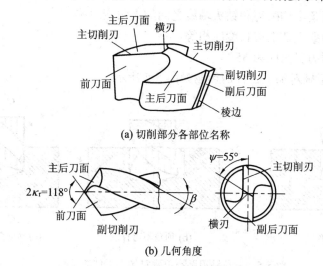

(a) 切削部分各部位名称

(b) 几何角度

图 5-3　麻花钻的工作部分及几何角度

二、麻花钻的刃磨

1. 麻花钻的刃磨方法

(1) 刃磨前，钻头切削刃应放在砂轮中心水平面上或稍高些。钻头轴线与砂轮外圆柱表面素线在水平面内的夹角等于顶角的一半，同时柄部向下倾斜 1°～2°，如图 5-4(a)所示。

(2) 刃磨钻头时，用右手握住钻头前端作支点，左手握住柄部，以钻头前端支点为圆心，柄部上下摆动，并略带旋转，如图 5-4(b)所示。

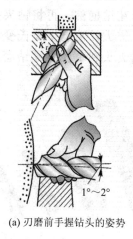

(a) 刃磨前手握钻头的姿势

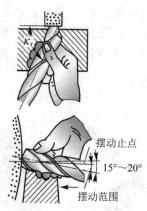

(b) 刃磨时手握钻头柄部上下摆动的姿势

图 5-4　麻花钻刃磨方法

(3) 当一个主切削刃磨削完毕后，把钻头转过 180°刃磨另一个主切削刃，身体和手要保持原来的位置和姿势，这样容易达到两刃对称的目的，刃磨方法同上。

2. 麻花钻的刃磨要求

麻花钻刃磨后，必须符合以下要求：

(1) 麻花钻的两条主切削刃和钻头轴线之间的夹角应对称。

(2) 麻花钻的两条主切削刃长度应相等。

(3) 麻花钻的横刃斜角应为 55°。

麻花钻刃磨不正确对加工工件的影响如图 5-5 所示。

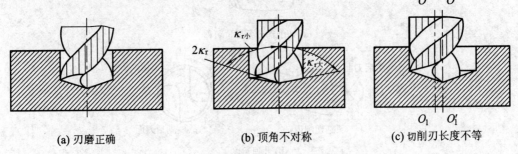

(a) 刃磨正确　　　　　　　(b) 顶角不对称　　　　　　(c) 切削刃长度不等

图 5-5　麻花钻刃磨不正确对加工工件的影响

图 5-5(b)为顶角磨得不对称时钻孔的情况。钻削时，只有右边切削刃在切削，而左边切削刃不起作用。两边受力不平衡，右边切削刃上的切削力会把钻头向左推，结果使钻出的孔扩大和歪斜。图 5-5(c)为顶角磨得对称，但切削刃长度不相等时钻孔的情况。钻削时，钻头的工作心由 O-O_1 移到 O'-O_1'，所以钻出的孔径必定大于钻头直径。

刃磨得不正确的钻头，由于所受的切削力不平均，会使钻头很快地磨损。

三、麻花钻的装卸

1. 直柄麻花钻的装卸

安装直柄麻花钻时，用带锥柄的钻夹头夹紧直柄麻花钻柄部，再将钻夹头的锥柄用力插入车床尾座套筒的锥孔内。如果钻夹头的锥柄不够大，可套上莫氏变径钻套用来过渡，再插入尾座套筒的锥孔。拆卸时顺序相反。钻夹头和莫氏变径钻套的外形如图 5-6 所示。

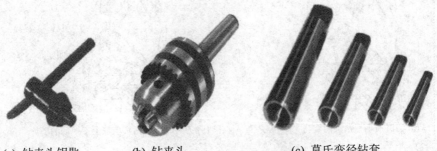

(a) 钻夹头钥匙　　　　(b) 钻夹头　　　　(c) 莫氏变径钻套

图 5-6　钻夹头和莫氏变径钻套的外形

2. 锥柄麻花钻的装卸

当锥柄麻花钻的锥柄规格与车床尾座套筒的锥孔规格相同时，可将钻头锥柄部直接插入尾座套筒的锥孔内，若不相符时可加用莫氏变径钻套。拆卸时，先将车床尾座套筒向后缩回，取下麻花钻后，再用斜铁插入莫氏变径钻套腰形孔内，敲击斜铁就可把钻头卸下来，如图 5-7 所示。

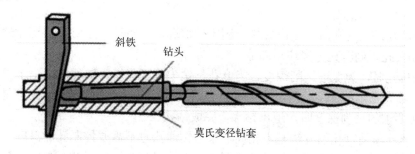

图 5-7　用斜铁拆卸锥柄麻花钻

四、钻孔时切削用量的选择

1. 背吃刀量(a_p)

钻孔时的背吃刀量是麻花钻直径的一半，因此它是随麻花钻直径大小而改变的。

2. 切削速度(v_c)

钻孔时的切削速度是指麻花钻主切削刃外缘处的线速度，可按下式计算，即

$$v_c = \frac{\pi D n}{1000}$$

用高速钢麻花钻钻钢料时，切削速度 v_c 一般取 15～30 m/min；钻铸铁材料时，切削速度稍低一些，一般取 10～25 m/min。根据切削速度的计算公式，直径越小的钻头，主轴转速应越高。

3. 进给量(f)

钻孔时，工件每转一圈，钻头沿轴向相对位移的距离为进给量，单位为 mm/r。在车床上是用手动方式缓慢转动尾座手轮来实现进给运动的。当选用直径为 ϕ12 mm～ϕ30 mm 的钻头钻削钢料时，一般取 f = 0.15～0.35 mm/r。选用直径越小的钻头，进给量也要相应减小，否则会使钻头折断。

五、钻孔的方法

1. 钻孔的方法和步骤

(1) 根据钻孔直径和孔深正确选择麻花钻。对于钻孔后需后续加工内孔的工件，应提前选择直径较小的钻头，防止因钻孔直径过大，没有车削余量而报废。

(2) 钻孔前，先将工件平面车平，中心处不允许留有凸台，便于钻头正确定心。

(3) 钻头装入车床尾座套筒后，将车床尾座往主轴方向推移，使钻头靠近工件端面，

然后锁紧车床尾座。

(4) 根据钻头直径调节主轴转速。

(5) 开动车床，均匀而缓慢地转动尾座手轮，使钻头逐步钻入工件。待两切削刃完全钻入工件时，可适当加大进给量。

(6) 双手交替转动尾座手轮，使钻头进一步钻入工件。为了便于排屑，钻削时可降低进给速度，甚至停止进给。

(7) 钻削较深的内孔时，当出现排屑困难的情况，应将钻头及时退出至孔外，清除铁屑后再继续钻孔，同时充分浇注冷却液。

(8) 钻盲孔时，为保证钻削深度，当麻花钻钻尖刚切入工件端面时，记录当前尾座套筒伸出的长度，钻削的深度就等于当前尾座套筒伸出的长度加上孔深尺寸。当尾座套筒刻度值到达所要求的钻削深度时，退出钻头，完成钻孔。

(9) 钻通孔与钻盲孔的方法基本相同，只是钻通孔时不需要控制孔的深度。但当通孔即将钻穿时，应减慢进给速度，防止由于轴向切削力的骤然减小而损坏钻头。钻穿后，退出钻头，完成钻孔。

2. 钻孔的注意事项

(1) 钻孔前要找正尾座，使钻头中心对准工件回转轴线，否则可能会将孔径钻大、钻偏甚至折断钻头。

(2) 选用直径较小的麻花钻钻孔时，一般先用中心钻在工件端面上钻出中心孔，再用钻头钻孔，这样便于定心且钻出的孔同轴度较好。

(3) 在实体材料上钻孔，孔径不大时可以用钻头一次钻出，若孔径超过 30 mm，则不易用直径大的钻头一次加工完成。因为钻头越大，其横刃越长，轴向切削阻力越大，钻削时越费力，强行钻入还可能损坏车床部件。因此，应分两次钻出孔径尺寸，即先用小直径钻头钻出底孔，再用大直径钻头钻出所要求的尺寸。通常第一次选用的钻头直径为第二次钻头直径的 0.5～0.7 倍。

六、内孔车刀的种类

1. 根据刀片固定的形式分类

1) 整体式镗刀

整体式镗刀一般分为高速钢和硬质合金两种。高速钢整体式镗刀一般用不同规格的高速钢车刀磨出刀头和刀杆。硬质合金整体式镗刀是将一块硬质合金刀片焊接在 45 钢制成的刀杆的切削部分上。

2) 机械夹固式镗刀

机械夹固式镗刀由刀杆、刀片和紧固螺钉组成，其特点是能增加刀杆强度，节约刀杆材料。一般刀头为硬质合金，只需拧开紧固螺钉便可更换刀片，使用起来灵活方便。

2. 根据不同的加工情况分类

1) 通孔镗刀

通孔镗刀主要用于粗、精加工通孔，切削部分的几何形状与 45° 端面车刀相似，如图

5-8(a)、(b)所示。为了减小径向切削抗力，防止车孔时产生振动，主偏角应取大一些，一般取 60°～75°；副偏角略小，一般取 15° 左右。

　　2) 盲孔镗刀

　　盲孔镗刀用来车削盲孔或粗、精加工台阶孔，切削部分的几何形状与 90° 外圆车刀相似，如图 5-8(c)、(d)所示。主偏角要求略大于 90°，一般在 92°～95° 之间，副偏角取 6°～10°。与通孔镗刀不同的是盲孔镗刀的刀尖必须处于刀头部位的最顶端，否则就无法车平台阶孔底。

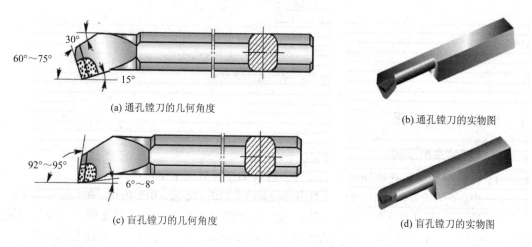

(a) 通孔镗刀的几何角度

(b) 通孔镗刀的实物图

(c) 盲孔镗刀的几何角度

(d) 盲孔镗刀的实物图

图 5-8　硬质合金整体式镗刀

七、内孔车刀的刃磨

　　内孔车刀的刃磨步骤为：

　　粗磨前刀面→粗磨主后刀面→粗磨副后刀面→精磨前刀面→精磨主后刀面、副后刀面→修磨刀尖圆弧。

八、内孔车刀的装夹

　　(1) 安装内孔车刀时，刀尖应对准工件中心或略高一些，这样可以避免镗刀受到切削力的作用产生"扎刀"现象，而把孔径车大。

　　(2) 为了保证内孔车刀有足够的刚性，避免产生振动，刀杆伸出的长度尽可能短一些，一般比工件孔深长 5～6 mm。

　　(3) 内孔车刀的刀杆应与工件轴心平行，否则在车削到一定深度后，刀杆后半部分容易和工件孔口处相碰。

　　(4) 为了确保镗孔安全，通常在镗孔前让内孔车刀在孔内试走一刀，以便及时了解内孔车刀在孔内加工的状况，确保镗孔顺利进行。

　　(5) 使用盲孔车刀加工盲孔或台阶孔时，主刀刃应与端面成 3°～5° 夹角，并且在镗削孔底端面时，要求横向有足够的退刀余地，即刀尖到刀杆外端的距离 a 应小于内孔半径 R，否则就无法车平孔底平面，如图 5-9 所示。

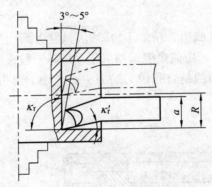

图 5-9　盲孔车刀的装夹

九、内孔的车削步骤

1. 通孔的车削步骤

(1) 在钻削完毕的孔壁处对刀，调整中滑板刻度盘数值至零位。

(2) 根据内孔孔径的加工余量，计算中滑板刻度盘的进刀数值，粗车内孔，并留精加工余量。

(3) 按余量精加工内孔，对孔径进行试切和试测，并根据尺寸公差微调中滑板进刀数值，反复进行，直至符合孔径尺寸精度要求后纵向机动进给，退刀后完成通孔的加工。

(4) 根据图纸要求对孔口等部位去毛刺、倒角。

2. 台阶孔的车削步骤

(1) 在工件端面及钻削完毕的孔壁处依次对刀，分别调整床鞍上的手轮刻度盘和中滑板刻度盘数值至零位。

(2) 根据小孔孔径和孔深的加工余量，计算中滑板刻度盘的进刀数值，粗车小孔，并留精加工余量。

(3) 精加工小孔底平面，保证小孔孔深尺寸精度。

(4) 按余量精加工小孔孔径，对孔径进行试切和试测，并根据尺寸公差微调中滑板进刀数值，反复进行，直至符合孔径尺寸精度要求后纵向机动进给，当床鞍刻度值接近小孔孔深时，改用床鞍手轮手动进给，退刀后完成对小孔的加工。

(5) 重复以上(2)至(4)步骤，即先粗加工大孔孔径和孔深，再精加工大孔孔深，最后试切、试测并纵向进给，保证大孔孔径尺寸精度，退刀后完成对大孔的加工。

(6) 根据图纸要求对孔口等部位去毛刺、倒角。

十、测量孔径的方法

测量孔径尺寸时，应根据工件的尺寸、精度以及数量的要求选择相应的量具，如图 5-10 所示。孔径精度要求较低时，可用钢直尺、游标卡尺或内卡钳测量。孔径精度要求较高的，常选用内径千分尺、内测千分尺、内径百分表及圆柱塞规等测量。

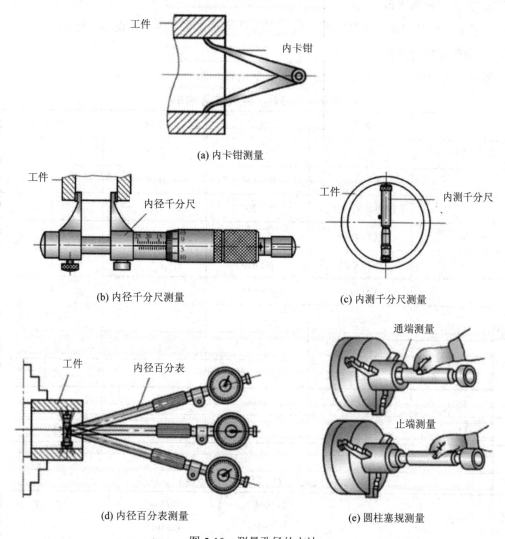

图 5-10　测量孔径的方法

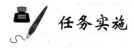 任务实施

如图 5-1 所示，本任务是车台阶盲孔。

一、任务准备

1. 原材料准备

本任务所用零件材料为 45 钢。毛坯规格为 $\phi45\,\text{mm} \times 50\,\text{mm}$。数量为 1 件/人。

2. 机床设备准备

本任务所用机床为 CA6140，另需准备砂轮机一台。

3. 刀具、量具准备

为了加工台阶盲孔，根据工艺分析，工量具及刀具准备清单如表 5-1 所示。

4. 切削用量的选择

根据工艺分析，加工台阶盲孔的切削用量见表 5-2。

表 5-1　刀具、量具准备清单

序号	名称	规格	精度	数量
1	千分尺	25～50	0.01	1
2	游标卡尺	0～150	0.02	1
3	深度游标卡尺	0～200	0.02	1
4	圆柱塞规	ϕ20H7	—	1
5	圆柱塞规	ϕ25H8	—	1
6	钢直尺	0～150	—	1
7	外圆车刀	45°	—	自定
8	外圆车刀	90°	—	自定
9	盲孔镗刀	ϕ20×40	—	自定
10	麻花钻	ϕ18	—	1
11	常用工具	—	—	自定

表 5-2　切削用量(参考量)

刀具	加工内容	主轴转速 /(r/min)	进给量 /(mm/r)	背吃刀量 /mm
45°外圆车刀	车端面	800	0.1	0.1～1
90°外圆车刀	粗车外圆	500	0.3	2
	精车外圆	1000	0.1	0.25
ϕ18 麻花钻	钻孔	250	—	—
盲孔镗刀	粗车内孔	400	0.2	1
	精车内孔	700	0.1	0.15

二、任务实施步骤

台阶盲孔加工一般步骤见表 5-3。

表 5-3 台阶盲孔加工步骤

加工步骤	图 示	加 工 内 容
1	$\phi 42_{-0.033}^{0}$　40	工件伸出卡爪 50 mm 左右，校正并夹紧；车平端面；粗、精加工 $\phi42$ mm × 40 mm 的外圆
2	$\phi 18$　32～34	用麻花钻钻 $\phi18$ mm 孔，有效孔深 32～34 mm
3	$\phi 20_{0}^{+0.021}$　$35_{0}^{+0.2}$	粗、精加工 $\phi20$ mm × 35 mm 的小孔孔径
4	$\phi 25_{0}^{+0.033}$　$20_{0}^{+0.15}$	粗、精加工 $\phi25$ mm × 20 mm 的大孔孔径

续表

加工步骤	图　示	加工内容
5		加工完毕后，根据图纸要求倒角、去毛刺；仔细检查各部分尺寸；最后卸下工件，完成操作

安全注意事项：

(1) 将钻头装入尾座套筒中，找正钻头轴线使其与工件旋转轴线相重合，否则可能会使孔径钻大、钻偏甚至折断钻头。

(2) 钻孔前，必须将端面车平，中心处不允许有凸台，否则钻头不能自动定心，会使钻头折断。

(3) 在钻孔过程中必须经常退出钻头清除切屑。钻削钢料时必须浇注充分的切削液，使钻头冷却。钻削铸件时可不用切削液。

(4) 镗孔时要求内平面平直，孔壁与内平面相交处清角，并防止出现凹坑和小台阶。刀尖应严格对准工件旋转中心，否则孔底平面无法车平。

(5) 镗孔时车刀纵向切削至接近平面时，应停止机动进给，用手动进给代替，以防碰撞底平面。

 任务评价

台阶盲孔加工任务评分评价表见表 5-4，请根据检测结果填表。

表 5-4　台阶盲孔加工任务评分评价表

序号	检测项目	配分	评分标准	检测结果	得分
1	$\phi 42_{-0.033}^{0}$、$Ra3.2$	10/4	每超差 0.01 扣 2 分、每降一级扣 2 分		
2	$\phi 25_{0}^{+0.033}$、$Ra3.2$	12/6	不符合圆柱塞规检测要求全扣、每降一级扣 2 分		
3	$\phi 20_{0}^{+0.021}$、$Ra3.2$	12/6	不符合圆柱塞规检测要求全扣、每降一级扣 2 分		
4	$35_{0}^{+0.2}$	10	每超差 0.02 扣 2 分		
5	$20_{0}^{+0.15}$	10	每超差 0.02 扣 2 分		

续表

序号	检测项目	配分	评分标准	检测结果	得分
6	40、Ra3.2	5/3	每降低 10%扣 4 分，每降一级扣 4 分		
7	倒角、去毛刺 4 处	12	每处不符扣 3 分		
8	安全操作规程	10	相关安全操作规程酌情倒扣 1～10 分		
	总分	100	总得分		

 拓展训练

一、刃磨标准麻花钻

本任务要求刃磨麻花钻，如图 5-11 所示。

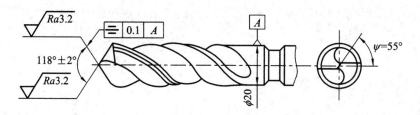

图 5-11　麻花钻刃磨

二、工件评分表

麻花钻刃磨评分评价表见表 5-5，请根据检测结果填表。

表 5-5　麻花钻刃磨评分评价表

班级			姓名			学号		
零件名称			图号			检测		
序号	检测项目	配分	评分标准			检测结果		得分
1	顶角 118°±2°	20	每超差 1°扣 4 分					
2	顶角对称度	20	不符合扣 5～20 分					
3	两主切削刃等长	20	不符合扣 5～20 分					
4	两主切削刃平直	10	不符合扣 2～10 分					
5	横刃	10	不符合扣 2～10 分					

序号	检测项目	配分	评分标准	检测结果	得分
6	主后刀面 $Ra3.2$ 两处	10	每处每降一级扣 2 分		
7	安全操作规程	10	按相关操作规程酌情扣 1～10 分		
	总分	100	总得分		

项 目 小 结

　　本项目通过了解麻花钻的组成和内孔刀的结构，掌握麻花钻的刃磨、钻孔加工以及内孔刀的刃磨，加工台阶盲孔，掌握轴套类零件的装夹以及车削方法，学会用内径千分尺、内测千分尺等测量孔径。

项目六　圆锥车削训练

圆锥是在机械零件上广泛应用的一种结构要素，在机床和工具中普遍采用，如钻夹头、钻头和后顶尖等工具的柄部就是圆锥面，所以圆锥类零件加工是车工必须掌握的技术。本项目中我们的学习任务就是要掌握加工圆锥类零件的方法。

任务一　认识圆锥体

 任务内容

常见的圆锥零件有圆锥齿轮、锥形主轴、带锥孔的齿轮、锥形手柄，因此我们首先来认识圆锥体。

 任务目标

(1) 了解圆锥面的形成和特点。
(2) 掌握圆锥各部分名称和参数关系。
(3) 了解标准圆锥类零件图样。

 任务准备

一、圆锥表面的形成

与轴线成一定角度，且一端相交于轴线的一条直线段 AB(母线)，围绕着该轴线 AO 旋转形成的表面，称为圆锥表面(简称圆锥面)，见图 6-1(a)。其斜线 AB 称为圆锥母线。如果将圆锥体的尖端截去，则成为一个截锥体(图 6-1(b))。

二、圆锥面的特点

(1) 当圆锥面较小(在 3° 以下)时，具有自锁作用，可传递很大的扭矩。
(2) 装卸方便，虽然多次装卸，仍能保证精确的定心作用。

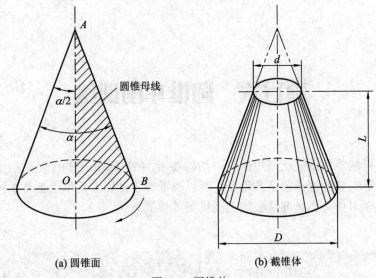

(a) 圆锥面	(b) 截锥体

图 6-1　圆锥体

三、圆锥的各部分名称及基本参数

圆锥可分为外圆锥和内圆锥两种。通常把外圆锥称为圆锥体,内圆锥称为圆锥孔。图 6-2 所示为圆锥的各部分名称和参数示意。

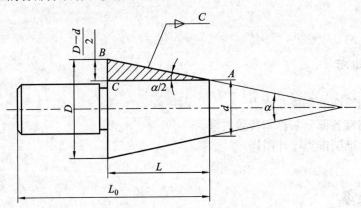

图 6-2　圆锥各部分名称

图中:

D——最大圆锥直径(简称大端直径)(mm);

d——最小圆锥直径(简称小端直径)(mm);

α——圆锥角(°),在通过圆锥轴线的截面内,两条素线之间的夹角;

$\alpha/2$——圆锥半角(°),即圆锥角的一半,是车削圆锥面时小滑板转过的角度;

L——最大圆锥直径与最小圆锥直径之间的轴向距离(简称工件圆锥部分长)(mm);

L_0——工件全长(mm);

C——锥度(比例或分数形式表示),其定义为圆锥的最大端直径和圆锥最小端直径之差与圆锥长度之比,即

$$C = \frac{D-d}{L} = 2\tan\frac{\alpha}{2}$$

圆锥半角 α/2 的计算公式为

$$\tan\frac{a}{2} = \frac{D-d}{2L}$$

计算后，查三角函数表可获得 α/2。

近似公式(仅适用于当 α/2＜6°时)：

$$\frac{a}{2} \approx 28.7° \times \frac{D-d}{L} \approx 28.7° \times C$$

四、标准圆锥体

为了降低生产成本，使用方便，我们把常用的工具圆锥表面也做成标准化表面。也就是说，圆锥表面的各部分尺寸按照规定的几个号码来制造，使用时只要号码相同，就能紧密配合和互换。

根据标准尺寸制成的圆锥表面叫做标准圆锥，常用的标准圆锥有下列两种。

1. 莫氏圆锥

莫氏圆锥是在机器制造业中应用得最广泛的一种，如车床主轴锥孔、顶尖、钻头柄、铰刀柄等都用莫氏圆锥。莫氏圆锥分成七个号码，即 0、1、2、3、4、5 和 6 号，最小的是 0 号，最大的是 6 号。它的号数不同，锥度也不相同。由于锥度不同，所以斜角 a 也不同。莫氏圆锥的锥度可从表 6-1 中查出。

表 6-1　莫氏圆锥的常用参数

莫氏圆锥号数 (Morse No.)	锥度 C	圆锥锥角 a	圆锥半角 a/2	量规刻线间距 /mm
Morse No.0	1：19.212 = 0.052 05	2°58′46″	1°29′23″	1.2
Morse No.1	1：20.047 = 0.049 88	2°51′20″	1°25′40″	1.4
Morse No.2	1：20.020 = 0.049 95	2°51′32″	1°25′46″	1.6
Morse No.3	1：19.922 = 0.050 196	2°52′25″	1°26′12″	1.8
Morse No.4	1：19.254 = 0.051 938	2°58′24″	1°29′12″	2
Morse No.5	1：19.002 = 0.0526 265	3°0′45″	1°30′22″	2
Morse No.6	1：19.180 = 0.052 138	3°59′4″	1°29′32″	2.5

2. 米制圆锥

米制圆锥有八个号码，即 4、6、80、100、120、140、160 和 200 号。它的号码就是指大端直径，锥度固定不变，即 C=1：20。例如 80 号公制圆锥，它的大端直径是 80 毫米，锥度 C=1：20。米制圆锥的优点是锥度不变，记忆方便。

除了常用标准工具的圆锥外，还有各种专用的标准圆锥，其锥度大小见表 6-2。

表 6-2　标准圆锥相关参数

圆锥角 a	锥度 C	圆锥半角 $a/2$	圆锥角 a	锥度 C	圆锥半角 $a/2$
30°	1 : 1.866	15°	2° 51′ 51″	1 : 20 (米制圆锥)	1° 25′ 56″
45°	1 : 1.207	22° 30′			
60°	1 : 0.866	30°	3° 49′ 6″	1 : 15	1° 54′ 33″
75°	1 : 0.625	37° 30′	4° 46′ 19″	1 : 12	2° 23′ 9″
90°	1 : 0.5	45°	5° 43′ 29″	1 : 10	2° 51′ 15″
120°	1 : 0.289	60°	7° 9′ 10″	1 : 8	3° 34′ 35″
0° 17′ 11″	1 : 200	0° 8′ 36″	8° 10′ 16″	1 : 7	4° 5′ 8″
0° 34′ 23″	1 : 100	0° 17′ 11″	11° 25′ 16″	1 : 5	5° 42′ 38″
1° 8′ 45″	1 : 50	0° 34′ 23″	16° 35′ 32″	1 : 3.429	8° 17′ 46″
1° 54′ 35″	1 : 30	0° 57′ 17″	18° 55′ 29″	1 : 3	9° 27′ 44″

✒ **任务实施**

根据图 6-3，分别指出圆锥的各部分名称，并分别求小端直径 d 和圆锥半角。

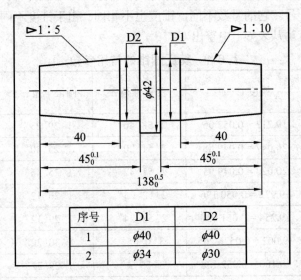

图 6-3　圆锥体

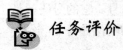 **任务评价**

圆锥认识任务评分评价表见表 6-3，请根据检测结果填表。

表6-3 圆锥认识任务评分评价表

序号	考核项目	配分	评分标准	检测结果	得分
1	正确了解圆锥的分类及作用	10	不符合要求酌情扣分		
2	正确了解圆锥的各部分名称	20	不符合要求酌情扣分		
3	正确识读圆锥零件图样	20	不符合要求酌情扣分		
4	能根据已知参数，正确计算圆锥的参数	40	不符合要求酌情扣分		
5	安全文明生产，按国家颁发的有关法规或企业自定的有关规定	10	一项不符合要求不得分		
	总分	100	总得分		

任务二 加工外圆锥

 任务内容

本任务主要学习外圆锥的加工，完成如图 6-4 所示工件。

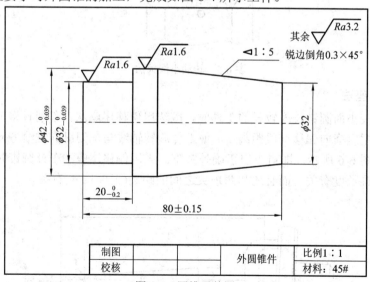

图 6-4 圆锥零件图

 任务目标

(1) 了解圆锥加工的常见方法。

(2) 掌握转动小滑板车削圆锥体方法。

(3) 掌握圆锥体检测方法。

(4) 学会圆锥体质量分析。

 任务准备

一、常见圆锥加工方法

车削圆锥的方法常用的有如下四种。

1. 转动小滑板法

将小滑板转动一个圆锥半角，使车刀移动的方向和圆锥素线的方向平行，即可车出外圆锥，如图 6-5 所示。用转动小滑板法车削圆锥面操作简单，可加工任意锥度的内、外圆锥面。但加工长度受小滑板行程限制。另外需要手动进给，劳动强度大，工件表面质量不高。

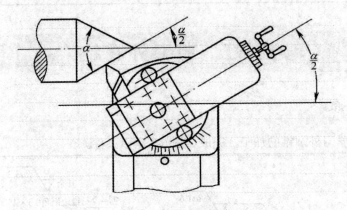

图 6-5　转动小滑板法

2. 偏移尾座法

车削锥度较小而圆锥长度较长的工件时，应选用偏移尾座法。车削时将工件装夹在两顶尖之间，把尾座横向偏移一段距离 s，使工件旋转轴线与车刀纵向进给方向相交成一个圆锥半角，如图 6-6 所示，即可车出正确外圆锥。采用偏移尾座法车外圆锥时，尾座的偏移量不仅与圆锥长度有关，而且还和两顶尖之间的距离(工件长度)有关。

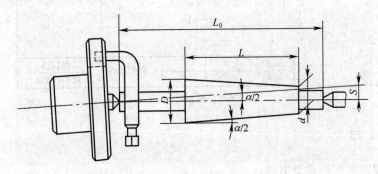

图 6-6　偏移尾座法

3. 仿形法

仿形法(又称靠模法)是刀具按仿形装置(靠模),进给车削外圆锥的方法,如图6-7所示。

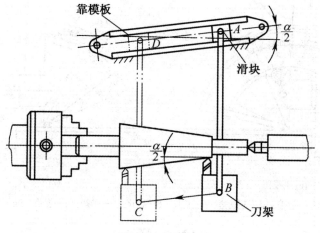

图6-7 仿形法

4. 宽刃刀切削法

在车削较短的圆锥面时,也可以用宽刃刀直接车出。宽刃刀的切削刃必须平直,切削刃与主轴轴线的夹角应等于工件圆锥半角。

使用宽刃刀车圆锥面时,车床必须具有足够的刚性,否则容易引起振动。当工件的圆锥素线长度大于切削刃长度时,也可以用多次接刀方法,但接刀处必须平整。

二、外圆锥面的检测

圆锥的检测主要是指圆锥角度检测和尺寸精度检测。常用万能角度尺、角度样板检测圆锥角度,用涂色法来评定圆锥精度。

1. 万能角度尺

1) 万能角度尺图示

万能角度尺的结构见图6-8。

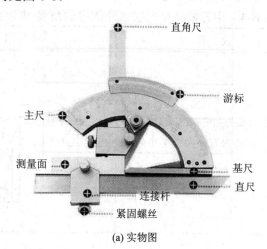

(a) 实物图

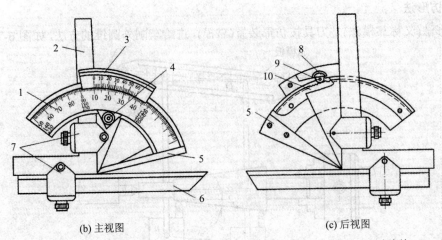

(b) 主视图　　　　　　　　　(c) 后视图

1—尺身；2—90°角尺；3—游标；4—制动器；5—基尺；6—直尺；7—卡块；8—捏手；9—小齿轮；10—扇形齿轮

图 6-8　万能角度尺

2) 万能角度尺的读数

万能角度尺的示值一般分为 5′ 和 2′ 两种，下面仅介绍示值为 2′ 的读数原理。它的读数方法与游标卡尺的读数方法相似，可以测量 0°～320° 范围内的任意角度。

示值为 2′ 的读数原理：主尺刻度每格为 1°，游标上总角度为 29°，并等分 30 格，每格对应的角度为：

$$29° / 30° = 60 \times 29/30 = 58′，主尺与游标相差 1° - 58′ = 2′。$$

读法：先从主尺上读出游标零线前面整读数，然后在游标上读出分的数值，两者相加就是被测件的角度数值。

3) 用万能角度尺测量圆锥

根据工件角度调整量角器的安装，量角器基尺与工件端面通过中心靠平，直尺与圆锥母线接触，利用透光法检查，人视线与检测线等高，在检测线后方衬一白纸以增加透视效果。若合格即为一条均匀的白色光线。当检测线从小端到大端逐渐增宽，即锥度小，反之则大，需要调整小滑板角度。方法如表 6-4 所示。

表 6-4　用万能角度尺检验外圆锥的角度(锥度)

方　法	说　　明	图　例
单边测量法	以工件端面为测量基准，检测圆锥母线与其夹角来判断圆锥半角是否正确	

续表

方法	说　明	图　例
单边测量法	以工件外圆素线为测量基准,检测圆锥母线与其夹角来判断圆锥半角是否正确	
双边测量法	以圆锥母线为测量基准,检测另一圆锥母线与其夹角来判断圆锥是否正确	

2. 角度样板

成批和大量生产圆锥时,用角度样板检测锥度可以减少辅助时间,如图 6-9 所示。

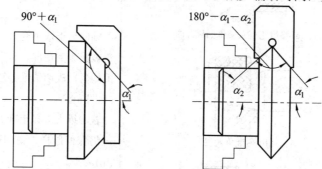

图 6-9　用角度样板测量圆锥齿轮角度

3. 用圆锥套规检验外圆锥

标准圆锥或配合精度要求较高的外圆锥,可使用圆锥套规(见图 6-10)检验,具体内容见表 6-5。

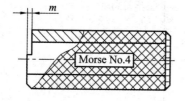

图 6-10　圆锥套规

表 6-5　用圆锥套规检验外圆锥的角度(锥度)和尺寸

内　容	图　例	说　明
用涂色法检查外圆锥的角度(锥度)		顺着圆锥素线薄而均匀地涂上三条显示剂(圆周上均布)
		将圆锥套规轻轻套在圆锥上,稍加轴向推力,并将套规转动半圈
	 (a) 锥度正确及圆锥面展开图 间隙 (b) 圆锥角太大 间隙 (c) 圆锥角太小 双曲线误差 (d) 双曲线误差	轴向后退取下套规,观察圆锥上显示剂被擦去的情况,若三条显示剂全长擦痕均匀,表明圆锥接触良好,锥度正确(见图(a))。 若圆锥大端显示剂被擦去,小端显示剂仍保留原样,说明圆锥角大了(见图(b))。 反之,说明圆锥角小了(见图(c))。 若两端显示剂擦去,中间不接触,说明形成了双曲线误差(见图(d)),原因是车刀刀尖没有对准工件回转轴线,需调整车刀高度

续表

内　容	图　例	说　明
检验外圆锥的尺寸	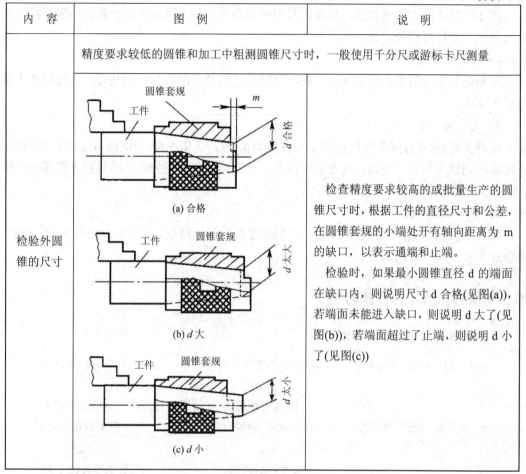	精度要求较低的圆锥和加工中粗测圆锥尺寸时，一般使用千分尺或游标卡尺测量 检查精度要求较高的或批量生产的圆锥尺寸时，根据工件的直径尺寸和公差，在圆锥套规的小端处开有轴向距离为 m 的缺口，以表示通端和止端。 检验时，如果最小圆锥直径 d 的端面在缺口内，则说明尺寸 d 合格(见图(a))，若端面未能进入缺口，则说明 d 大了(见图(b))，若端面超过了止端，则说明 d 小了(见图(c))

(以上图例区包含：(a) 合格、(b) d 大、(c) d 小 三幅示意图，标注有圆锥套规、工件、m、d 合格、d 大大、d 大小等)

三、转动小滑板法车外圆锥的方法和步骤

转动小滑板法车外圆锥的方法和步骤如下。

1) 装夹工件和刀具

工件旋转中心必须与主轴旋转中心重合，车刀刀尖必须严格对准工件旋转中心，否则，车出的圆锥素线不是直线而是双曲线。

2) 确定小滑板转动角度

如果图样上没有直接标注出圆锥半角 $\alpha/2$，需要经过换算，得出小滑板应转动的角度。换算原则：把图样上所标注的角度，换算成圆锥素线与车床主轴轴线的夹角 $\alpha/2$。

3) 转动小滑板

(1) 方法：把小滑板按工件的圆锥半角 $\alpha/2$ 转动一个相应的角度，采取用小滑板进给的方式，使车刀运动轨迹与所要车削的圆锥素线平行。

(2) 调整：用扳手将小滑板下面的转盘螺母松开，把转盘转至需要的圆锥半角 $\alpha/2$，当刻度与基准零线对齐后将转盘螺母锁紧。$\alpha/2$ 的值通常不是整数，其小数部分用目测估计，

大致对准后再通过试车逐步找正。

当小滑板角度大致调整后，只需把紧固螺母稍紧一些，用铜棒轻轻敲击小滑板找正所需的角度，这样可较快地找正锥度。

4) 粗车外圆锥

车前调整小滑板镶条间的间隙，依据圆锥长度调整小滑板的行程长度，再按圆锥大端直径车出圆柱体。

5) 找正圆锥角

用圆锥套规(或万能角度尺)检测，依据擦痕情况(透光情况)判断圆锥角度的大小，确定小滑板的调整方向和调整量，调整后再试车，直至圆锥角找正为止，然后粗车圆锥面，留0.5~1 mm 精车余量。

6) 精车外圆锥面

精车的目的是提高工件表面质量，控制圆锥面的尺寸精度。要求车刀必须锋利、耐磨，按精加工要求选择切削余量。

四、车圆锥体方法与步骤归纳

车圆锥体方法与步骤归纳如下：

粗车圆柱体(或台阶)放余量 ⟶ 转动小滑板角度并调整 ⟶ 对刀法初校圆锥角度

微量调整法　　刻线痕对刀法、原位重复对刀法

⟶ 试切削精校圆锥角度 ⟶ 精车圆柱体(或台阶)至要求 ⟶ 粗车圆锥放余量

先长度，后外圆　　　　　　放长度方向余量

⟶ 精车圆锥至要求 ⟶ 倒角，复检 ⟶ 送检评分。

控制圆锥长度尺寸要求

五、转动小滑板法车圆锥的特点

(1) 可以车削各种角度的内外圆锥，适用范围广。

(2) 操作简便，能保证一定的车削精度。

(3) 由于小滑板法只能用手动进给，故劳动强度较大，表面粗糙度也较难控制，而且车削锥面的长度受小滑板行程限制。

(4) 转动小滑板法主要适用于单件、小批量生产，及车削圆锥半角较大但锥面不长的工件。

六、转动小滑板法车削圆锥体的注意事项

(1) 车刀必须对准工件旋转中心，避免产生双曲线(母线不直)误差。

(2) 车削圆锥体前对圆柱直径的要求，一般应按圆锥体大端直径放余量 1 mm 左右。

(3) 车刀切削刃要始终保持锋利，工件表面应一刀车出。

(4) 转动小滑板法加工时，应两手握小滑板手柄，均匀移动小滑板。

(5) 调整小滑板时，要防止扳手在松动小滑板螺母时打滑而撞伤手。

(6) 粗车时，进刀量不宜过大，应先找对锥度，以防工件车小而报废。一般留精车余量 0.5 mm。小滑板不宜过松，以防工件表面车削痕迹粗细不一。

(7) 用角度尺检查锥度时，测量边应通过工件中心。用套规检查时，工件表面粗糙度要小，涂色要薄而均匀，转动量一般在半圈之内，多则易造成误判。

(8) 当车刀在中途刃磨以后装夹时，必须重新调整，使刀尖严格对准工件中心。

七、车圆锥时产生废品的原因及预防措施

车圆锥时，可能产生废品的种类、产生的原因及预防方法见表 6-6。

表 6-6　车圆锥时产生废品的原因及预防措施

废品种类	产生原因	预防措施
锥度(角度)不正确	用转动小滑板法车削时： (1) 小滑板转动角度计算差错或小滑板角度调整不当； (2) 车刀没有固紧； (3) 小滑板移动时松紧不均	(1) 仔细计算小滑板应转动的角度、方向，反复试车校正； (2) 固紧车刀； (3) 调整镶条间隙，使小滑板移动均匀
大小端尺寸不正确	(1) 未经常测量大小端直径； (2) 控制刀具进给错误	(1) 经常测量大小端直径； (2) 及时测量，用计算法或移动床鞍法控制切削深度
双曲线误差	车刀刀尖未对准工件轴线	车刀刀尖必须严格对准工件轴线
表面粗糙度达不到要求	(1) 切削用量选择不当； (2) 手动进给忽快忽慢； (3) 车刀角度不正确，刀尖不锋利； (4) 小滑板镶条间隙不当； (5) 未留足精车余量	(1) 合理选择切削用量； (2) 手动进给要均匀，快慢一致； (3) 刃磨车刀，角度要正确，刀尖要锋利； (4) 调整小滑板镶条间隙； (5) 要留有适当的精车余量

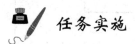 任务实施

一、工艺分析

(1) 本任务待加工工件的图样如图 6-4 所示。

(2) 一般先保证圆锥角度，然后精车控制线性尺寸。

(3) 该圆锥最大直径为 42 mm，最小直径为 32 mm，锥度为 1∶5，圆锥表面粗糙度为 *Ra*1.6，其余为 *Ra*3.2，工件总长 80 mm。

二、准备工作

(1) 材料：45 钢。坯料为半成品。数量为 1 件/人。

(2) 工具：卡盘扳手、刀架扳手、加力管、划针盘、垫刀片；

量具：0～150 mm 钢直尺、0～150 mm 游标卡尺、万能角度尺；

刀具：90° 和 45° 车刀。

(3) 设备：CA6140 型卧式车床。

三、外圆锥面加工步骤

外圆锥面加工步骤见表 6-7。

表 6-7　外圆锥面加工步骤

步　骤	工 作 内 容	图　示
准备工作	根据加工要求准备工、量、刃具	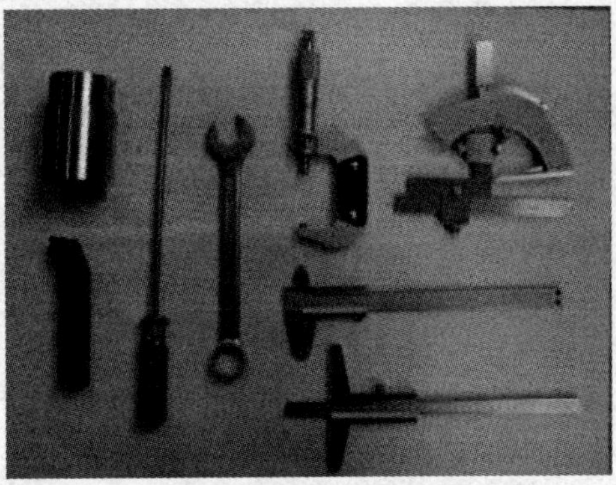
步骤 1 工件校正安装	工件用卡盘装夹找正，最后套用加力管将工件夹紧	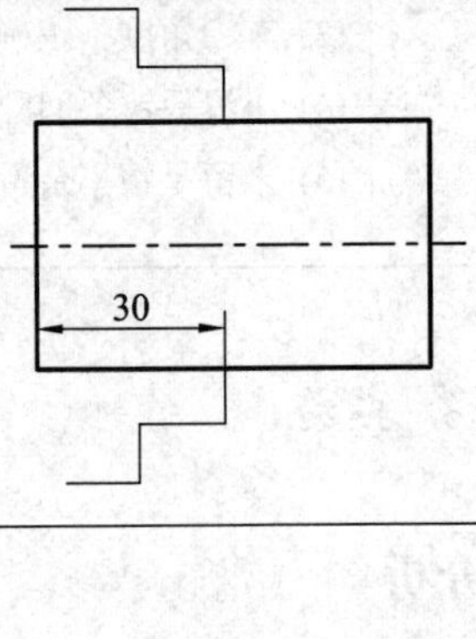
步骤 2 切削用量选择	选用切削速度 400 r/min，进给量 *f* = 0.15～0.35 mm/r	

步　骤	工 作 内 容	图　示
步骤 3 粗车端面	粗车端面，端面车平即可，总长 81.5 mm。(留精加工余量)	
步骤 4 粗、精车台阶外圆	粗、精车台阶外圆至 ϕ32 ×20，并倒角	
步骤 5 调头装夹工件	掉头装夹 ϕ32 外圆，平端面，保证工件总长 80 至尺寸要求	
步骤 6 粗、精加工外圆	粗、精加工外圆至 ϕ42	

步　骤	工　作　内　容	图　示
步骤 7 调整小滑板间隙	调整小滑板间隙,通过转动小滑板前后螺钉,移动小滑板内的镶条,增大或减小小滑板与导轨的间隙,使小滑板移动灵活、均匀	
	用扳手将小滑板下面的转盘螺母松开,把转盘转至需要的圆锥半角 5.74°,当刻度与基准零线对齐后将转盘螺母锁紧	
步骤 8 对刀法粗校锥度	刻出锥形长度 L 的倍数线痕。以锥度 C 分子分母扩大 4 倍为例,则线痕至右端面的距离相差应为 40 mm	
	车刀在工件端面和刻线的同侧对刀,对比中滑板刻度差值,判断小滑板所转角度是否正确。 若工件端面处对刀中滑板刻度值为零,则线痕处的对刀应为 80 格,即说明小滑板所转角度正确。若大于 80 格,说明小滑板所转角度过大;若小于 80 格,说明小滑板所转角度过小,即可作相应的角度调整	

续表三

步　骤	工 作 内 容	图　示
步骤 9 试切削精校锥度	当用对刀法判断中滑板所转角度基本上符合要求时，可试切圆锥，通过万能角度尺检查圆锥角(或圆锥半角)是否符合要求，若有误差，可采用微量调整法进行进一步校正，直至角度值趋于正确为止。	小滑板进刀 中滑板退刀
步骤 10 粗车圆锥体	粗车圆锥体	◁1∶5 φ32
步骤 11 精车圆锥体	精车圆锥体	
步骤 12 倒角	倒角 0.5 × 45°	
步骤 13 结束工作	(1) 工件加工完毕，卸下工件。 (2) 自检。自己用量具测量并填表。 (3) 互检。同学间相互检测。 (4) 交老师检测评价	

任务评价

外圆锥加工任务评分评价表见表 6-8，请根据检测结果填表。

表 6-8　外圆锥加工任务评分评价表

序号	检测内容	配分	评分标准	检测结果	得分
1	$\phi 42_{-0.039}^{0}$　Ra1.6	15/5	超差 0.01 扣 2 分 Ra 降一级扣 1 分		
2	$\phi 32_{-0.039}^{0}$　Ra1.6	15/5	超差 0.01 扣 2 分 Ra 降一级扣 1 分		
3	▷1：5　Ra1.6	30/10	超 2′扣 5 分		
4	长度 80、20	6	超差不得分		
5	倒角	4	不合格不得分		
6	安全文明生产	10	违章扣分		
	总分	100	总得分		

任务三　加工内圆锥

 任务内容

本任务完成如图 6-11 所示内圆锥工件的加工。

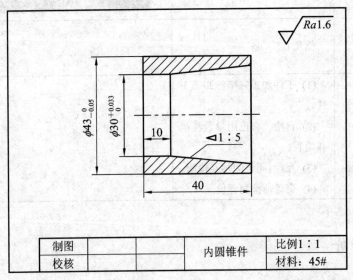

图 6-11　内圆锥工件

任务目标

(1) 了解内圆锥体的加工方法。

(2) 掌握转动小滑板加工内圆锥体的方法。

(3) 掌握内圆锥体的测量方法。

 任务准备

转动小滑板车内圆锥的方法、步骤如下。

1. 装夹工件和刀具

由于圆锥孔车刀刀柄尺寸受圆锥孔小端直径的限制，为了增大刀柄刚度，宜选用圆锥形刀柄，车刀刀尖必须严格对准工件旋转中心，否则，车出的圆锥素线不是直线而是双曲线。

2. 钻孔及镗孔

根据图样要求，选择相应尺寸的麻花钻钻孔，并对孔进行精加工。

3. 确定小滑板的转动角度

根据工件图样选择相应的公式计算出圆锥半角 $\alpha/2$，即是小滑板转动的角度。

4. 转动小滑板

与加工外圆锥方法相同，角度转动方向相反。

5. 粗车内圆锥

车前调整小滑板镶条间的间隙，依据圆锥长度调整小滑板的行程长度，再按圆锥大端直径车出圆柱体。

6. 找正圆锥角

使用圆锥塞规采用检测涂色法圆锥孔角度，依据擦痕情况判断圆锥角度的大小，确定小滑板的调整方向和调整量，调整后几次试切和检查后逐步将角度校准。

7. 精车内圆锥面

其目的是提高工件表面质量、控制圆锥面的尺寸精度。要求车刀必须锋利、耐磨，按精加工要求选择切削余量。

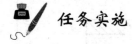 **任务实施**

(1) 加工如图 6-11 图样所示内圆锥体零件。

(2) 工件：45 钢；工具：卡盘扳手、刀架扳手、垫片等。

(3) 刀具：45°、90° 外圆车刀，中心钻，$\phi27$ 麻花钻，镗孔刀，切断刀；

　　量具：游标卡尺(0～150 mm)、外径千分尺(25～50 mm)、内径量表(18～33 mm)。

(4) 内圆锥加工步骤见表 6-9。

表 6-9　内圆锥加工步骤

步　骤	工 作 内 容	图　示
步骤1 装夹工件	装夹工件，伸出长度约48，车刀对中心并且刀杆中心线垂直于工件轴心线	(图) 48
步骤2 粗、精车外圆	车端面，粗精车外圆至 $\phi43$，长度尺寸42	(图) $\phi43_{-0.05}^{0}$ 42
步骤3 麻花钻钻孔	用 $\phi27$ 钻头钻孔，深约45	(图) $\phi27$ 45
步骤4 切断工件	切断工件，长度约42	(图) 42
步骤5 装夹工件	装夹工件，平端面保证总长40	(图) 40

续表

步　骤	工　作　内　容	图　示
步骤6 装夹工件	粗、精车ϕ30 mm 内孔符合尺寸要求	
步骤7 粗车内圆锥	通过转动小滑板前后螺钉，移动小滑板内的镶条，增大或减小小滑板与导轨的间隙，使小滑板移动灵活、均匀，且调整其行程。控制切削深度后，移动小滑板粗车内圆锥	
步骤8 用圆锥塞规 检验内锥	在圆锥塞规表面上，薄而均匀地涂上三条显示剂(红丹粉)，把锥孔清理干净后，将圆锥塞规轻轻塞入内圆锥里，稍加轴向推力，并将塞规转动半圈。轴向后退取下塞规，观察圆锥塞规上显示剂被擦去的情况，若三条显示剂全长擦痕均匀，表明圆锥接触良好，锥度正确。若圆锥大端显示剂被擦去，小端显示剂仍保留原样，说明圆锥角小了，反之，说明圆锥角大了	
步骤9 精车内圆锥	当锥度调整准确后，精车内圆锥面，并控制好圆锥大端尺寸至图样要求，表面粗糙度应达到图样要求	
步骤10 倒角	锐角倒钝，检查各部分尺寸是否符合图样要求	
步骤11 结束工作	卸下零件，清除切屑、车床清洁、保养	

任务评价

内圆锥加工任务评分评价表见表 6-10，请根据检测结果填表。

表 6-10 内圆锥加工任务评分评价表

序号	检测内容	配分	评分标准	实测	得分
1	$\phi30^{+0.033}_{0}$ $Ra1.6$	15/5	超差 0.01 扣 2 分 Ra 降一级扣 1 分		
2	$\phi43^{0}_{-0.05}$ $Ra1.6$	15/5	超差 0.01 扣 2 分 Ra 降一级扣 1 分		
3	▷1:5 $Ra1.6$	30/10	超 2′ 扣 5 分		
4	长度 40、10	6	超差不得分		
5	倒角	4	不合格不得分		
6	安全文明生产	10	违章扣分		
	总分	100	总得分		

任务四 内外圆锥配合加工

 任务内容

本任务完成内外圆锥配合加工，如图 6-12 所示：

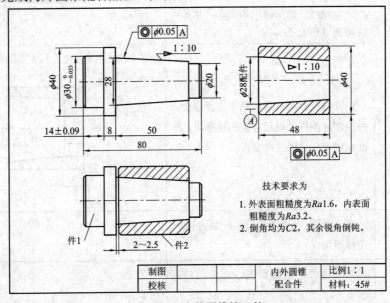

技术要求为

1. 外表面粗糙度为 $Ra1.6$，内表面粗糙度为 $Ra3.2$。
2. 倒角均为 $C2$，其余锐角倒钝。

制图			内外圆锥	比例1：1
校核			配合件	材料：45#

图 6-12 内外圆锥练习件

任务目标

(1) 掌握内、外圆锥体的加工方法。

(2) 掌握转动小滑板加工圆锥体的方法。

(3) 掌握内、外圆锥体的测量方法。

任务实施

(1) 加工如图 6-12 图样所示内外圆锥体零件。

(2) 工件：45 钢。

(3) 刀具：45°、90° 外圆车刀、中心钻、ϕ18 麻花钻、镗孔刀、切断刀；

量具：游标卡尺(0～150 mm)、外径千分尺(25～50 mm)、内径量表(18～33 mm)。

工具：卡盘扳手、刀架扳手、垫片等。

(4) 内外圆锥配合件加工步骤见表 6-11。

表 6-11 内外圆锥配合件加工步骤

步　骤	工　作　内　容	图　示
步骤 1 装夹工件	装夹工件，伸出长度约 70，车刀对中心并且刀杆中心线垂直于工件轴心线	70
步骤 2 粗、精车外圆	车端面，粗精车外圆至 ϕ40，长约 55	ϕ40　55
步骤 3 麻花钻钻孔	用 ϕ18 钻头钻孔长约 51	ϕ18　51

步　骤	工 作 内 容	图　示
步骤 4 切断工件	切断，控制长度 51(备用)	$\phi18$　51
步骤 5 装夹工件	将剩余材料重新装夹，伸出长度约 30，车刀对中心并且刀杆中心线垂直于工件轴心线	30
步骤 6 粗、精车外圆	粗精车外圆至$\phi40$，$\phi30$，长度尺寸 22，14。并倒角去毛刺	$\phi30$　$\phi40$
步骤 7 掉头一夹一顶 装夹	掉头夹$\phi30$外圆并找正。车端面，保证总长 80，钻中心孔，一夹一顶装夹	
步骤 8 粗、精车外圆	粗精车外圆至$\phi28$，$\phi20$，长度尺寸 50，8，并倒角去毛刺	

步　骤	工　作　内　容	图　示
步骤 9 加工外圆锥	车外圆锥，测量圆锥体的锥度，并注意调整，使锥度符合要求	
步骤 10 装夹工件 2	装夹件 2，车端面，保证总长 48	
步骤 11 加工内圆锥	车内圆锥，测量圆锥体的锥度，并注意调整，使锥度符合要求	

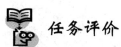

任务评价

内外圆锥配合件加工任务评分评价表见表 6-12，请根据检测结果填表。

表 6-12　内外圆锥配合件加工任务评分评价表

序号	检测项目	配分	评分标准	检测结果	得分
1	$\phi30_{-0.033}^{0}$　$Ra1.6$	10/2	超差 0.01 扣 2 分 Ra 降一级扣 1 分		
2	$\phi40$　$Ra1.6$	8/1	超差 0.01 扣 2 分 Ra 超差不得分		
3	$\phi20$　$Ra1.6$	8/1	超差 0.1 扣 2 分 Ra 降一级扣 1 分		
4	外锥▷1∶10　$Ra1.6$	10/6	超 2′扣 5 分 Ra 降一级扣 5 分		
5	内锥▷1∶10　$Ra3.2$	6	Ra 降一级扣 5 分		
6	内外锥配合涂色检查	20	接触小于 70%不得分		

序号	检测项目	配分	评分标准	检测结果	得分
7	14 ± 0.09	4	超 0.01 扣 2 分		
8	28，48，50，80	8	超 0.1 扣 2 分		
9	2～2.5	2	超 0.1 扣 1 分		
10	倒角	3	一处不合格扣 0.5 分		
11	安全文明生产	10	相关安全操作规程酌情 倒扣 1～10 分		
	总分	100	总得分		

项 目 小 结

　　本项目通过对圆锥体的学习，掌握了圆锥体的组成要素和相关尺寸互换关系，同时了解了圆锥体的加工方法，重点学习了转动小滑板加工内外圆锥的方法，学会了圆锥的检测方法和内外圆锥配合加工技能。

项目七 三角形外螺纹车削训练

在机械制造业中，三角形螺纹应用很广泛，常用于连接、紧固；在工具和仪器中还往往用于调节。三角形螺纹的特点是螺距小，一般螺纹长度较短。其基本要求是：螺纹轴向剖面牙型必须正确，两侧面表面粗糙度小；中径尺寸符合精度要求；螺纹与工件轴线保持同轴。本项目主要介绍常见三角形螺纹的基本要素、三角形外螺纹的加工工艺与质量分析、保证螺纹零件表面质量的方法及加工时的技巧。

三角形外螺纹的车削方法有低速车削和高速车削两种，考虑到初学车削螺纹，本项目采用低速车削加工如图 7-1 所示三角形外螺纹。

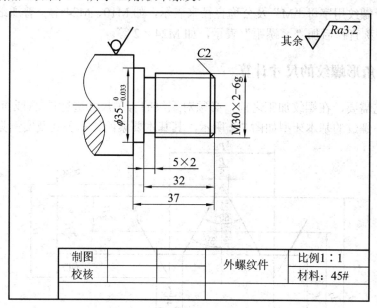

图 7-1 任务图纸

任务 三角形外螺纹的车削加工

 任务内容

(1) 识读零件图，进行加工工艺分析，并确定其加工步骤。

(2) 外圆柱面、三角螺纹及沟槽的车削加工方法。

(3) 零件的尺寸精度、表面粗糙度及形位精度的检测。

任务目标

(1) 了解三角形螺纹的分类，掌握三角形螺纹的主要参数。
(2) 学会三角形螺纹的测量方法。
(3) 能根据工件螺距，查车床进给箱的铭牌表及调整手柄位置和挂轮。
(4) 了解螺纹加工的进给方式，学会直进法车三角形外螺纹。

 任务准备

一、三角形螺纹的分类

三角形螺纹按规格和用途不同分为普通螺纹、英制螺纹和管螺纹三类。其中普通螺纹的应用最为广泛，分为普通粗牙螺纹和普通细牙螺纹，牙型角为60°。

普通粗牙螺纹用字母"M"及公称直径来表示，如 M10、M24 等；普通细牙螺纹用字母"M"及公称直径后加"×螺距"表示，如 M24×2 等。

二、普通三角形螺纹的尺寸计算

根据工艺需要，在螺纹加工之前，必须对螺纹的有关尺寸进行计算(或查相关标准)，普通三角形外螺纹的基本牙型如图 7-2 所示，其基本要素的计算公式及实例见表 7-1。

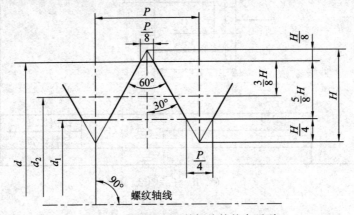

图 7-2　普通三角形外螺纹的基本牙型

表 7-1　普通三角形外螺纹基本要素计算公式及实例　　单位：mm

基本要素	计算公式	实例：M30×2 基本要素尺寸
牙型角(a)	$a = 60°$	$a = 60°$
螺纹大径(d)	$d =$ 公称直径	$d = 30$
牙型高度(h)	$h = 0.5413P$	$h = 0.5413 \times 2 = 1.0826$
螺纹小径(d_1)	$d_1 = d - 1.0825P$	$d_1 = 30 - 1.0825 \times 2 = 27.835$
螺纹中径(d_2)	$d_2 = d - 0.6485P$	$d_2 = 30 - 0.6485 \times 2 = 28.703$

三、三角形外螺纹车刀的刃磨与安装

1. 三角形外螺纹车刀的刃磨要求

(1) 螺纹车刀的刀尖角等于牙型角。

(2) 螺纹车刀的左、右切削刃必须平直。

(3) 螺纹车刀刀尖角的角平分线应尽量与刀侧面杆平行。

(4) 螺纹车刀的进刀后角因受螺纹升角的影响，应磨得大些。

(5) 粗车时的螺纹车刀径向前角 γ_0 可为 5°～15°；精车时为保证牙型准确，径向前角一般为 0°～5°。

2. 三角形外螺纹车刀的刃磨步骤

准备好刀具图样、高速钢刀具材料、细粒度砂轮(如 80° 白刚玉砂轮)、防护眼镜、冷却水、角度尺和样板等，如图 7-3 所示。

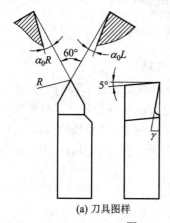

(a) 刀具图样

(b) 其他

图 7-3 三角形外螺纹车刀刃磨准备

三角形外螺纹车刀刃磨步骤见表 7-2。

表 7-2 三角形外螺纹车刀刃磨步骤

	步 骤	注 意 事 项
1	粗磨主、副后面(刀尖角初步形成)	(1) 磨刀时，人的站立位置要正确，保证刀尖角不能磨歪。
2	粗、精磨前面或前角	(2) 选用 80# 氧化铝砂轮，磨刀时压力应力小于一般车刀，并及时蘸水冷却，以免过热而失去刀刃硬度。
3	精磨主副后面，刀尖角用样板检查修正	(3) 粗磨时也要用样板检查刀尖角，若磨有纵向前角的螺纹车刀，粗磨后的刀尖角略大于牙型角，待磨好前角后再修正刀尖角。
4	车刀刀尖倒棱宽度一般为 0.1 × 螺距	(4) 刃磨螺纹车刀的刀刃时，要稍带移动，这样容易使刀刃平直。
5	用油石研磨	(5) 刃磨车刀时要注意安全

3. 三角形外螺纹车刀的安装要求

(1) 螺纹车刀刀尖与车床主轴轴线等高,一般可根据尾座顶尖高度调整和检查。为防止高速车削时产生振动和"扎刀",外螺纹车刀刀尖也可以高于工件中心 0.1～0.2 mm,必要时可采用弹性刀柄螺纹车刀。

(2) 使用螺纹对刀样板校正螺纹车刀的安装位置(见图 7-4),确保螺纹车刀刀尖角的对称中心线与工件轴线垂直。

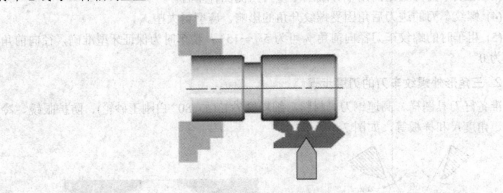

图 7-4　校正螺纹车刀装刀位置

(3) 螺纹车刀伸出刀架不宜过长,一般伸出长度为刀柄高度的 1.5 倍,约 25～30 mm。装刀时,将刀尖对准工件中心,然后用样板在已加工外圆或平面上靠平,将螺纹车刀两侧切削刃与样板角度槽对齐并作透光检查,如出现车刀侧斜现象,则用铜棒敲击刀柄,使车刀位置对准样板角度,符合要求后紧固车刀。一般情况下,装好车刀后,由于夹紧力会使车刀产生很小的位移,故需重复检查并调整。

四、车螺纹时车床的调整

1. 手柄位置的调整

按工件螺距在车床进给箱铭牌上查出交换齿轮的齿数和手柄位置,并将手柄调整到所需位置。

2. 中、小滑板间隙的调整

在车螺纹之前,应调整中、小滑板的镶条间隙,使之松紧适当。如果中、小滑板间隙过大,车削时容易出现"扎刀"现象;间隙过小,则操作不灵活,摇动滑板费力。

五、车螺纹时的几种进给方式

1. 直进法

车螺纹时,中滑板横向进给,如图 7-5(a)所示,经几次行程逐步车至螺纹深度,使螺纹达到要求的精度及表面粗糙度,这种方法叫直进法。

2. 左右切削法

车削较大螺距的螺纹时,为了减小车刀两个切削刃同时切削所产生的"扎刀"现象,可使车刀只用一侧切削刃参与切削。每次进给除了中滑板横向进给外,还要利用小滑板使车刀向左或向右微量进给，如图 7-5(b)所示，直到螺纹深度。

3. 斜进法

车螺纹时，中滑板横向进给，如图 7-5(c)所示，同时小滑板做微量的纵向进给，车刀只有一侧切削刃进行切削，这种方法叫斜进法。

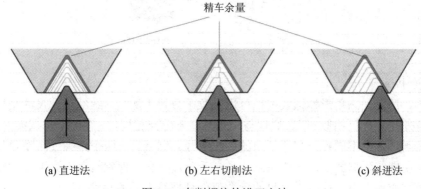

精车余量

|(a) 直进法|(b) 左右切削法|(c) 斜进法|

图 7-5　车削螺纹的进刀方法

六、三角形外螺纹的加工步骤

三角形外螺纹可用开合螺母法或倒顺手法来车削加工。

三角形外螺纹的加工步骤如下：

(1) 停车拨动车床主轴手柄，选择较低的主轴转速，一般选 50～100 r/min。

(2) 依照车床铭牌拨动机床溜板箱手柄，选择所要加工螺距。

(3) 主轴正转，移动床鞍及中滑板，轻碰工件外圆，记下中滑板刻度后，退刀离开工件端面 5～10 mm。

(4) 中滑板进刀选择合适的背吃刀量。

(5) 进刀(开合螺母法是压下开合螺母手柄，倒顺车法是主轴手柄提起使主轴正转)。

(6) 到退刀位置时，中滑板先迅速退刀，再使床鞍后退(开合螺母法是提起开合螺母手柄后，将床鞍摇回原位再压下开合螺母；倒顺车法是压下主轴手柄，使主轴反转而使刀具纵向退出)。

(7) 重新选择一次背吃刀量，重复前面的操作，直至螺纹中径加工至尺寸要求。

七、三角形外螺纹的检验与测量

1. 单项测量法

1) 测量大径

螺纹大径公差较大，一般采用游标卡尺或千分尺测量。

2) 测量螺距

螺距一般可用钢直尺或螺距规测量，如图 7-6 所示。用钢直尺测量时，需多量几个螺距的长度，再除以所测牙数，得出平均值。用螺距规测量时，螺距规样板应平行轴线方向放入牙型槽中，应使工件螺距与螺距规样板完全符合。

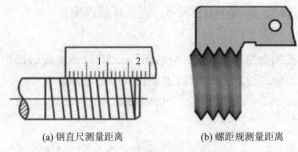

(a) 钢直尺测量距离   (b) 螺距规测量距离

图 7-6 螺距的测量方法

3) 测量中径

如图 7-7 所示，三角形外螺纹中径可用螺纹千分尺来测量。螺纹千分尺的结构和使用方法与一般外径千分尺相似，读数原理与一般外径千分尺相同，它有两个可调换的测量头，可进行更换测量各种不同螺距和牙型角的螺纹中径。测量时，两个跟螺纹牙型角相同的测量头正好卡在螺纹牙型面上，需要注意的是，千分尺要和工件轴线垂直，再多次轻微移动找到被测螺纹的最高点，这时千分尺的读数值就是螺纹中径的尺寸。

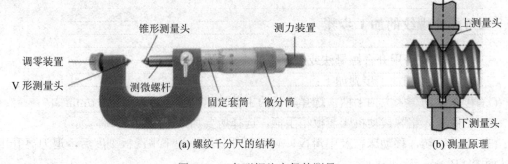

(a) 螺纹千分尺的结构   (b) 测量原理

图 7-7 三角形螺纹中径的测量

2. 综合测量法

综合测量法是采用极限量规对螺纹的基本要素(螺纹大径、中径和螺距等)同时进行综合测量的测量方法。测量外螺纹时可采用螺纹环规，如图 7-8 所示。综合测量法测量效率高，使用方便，能较好地保证互换性，广泛用于对标准螺纹或大批量生产螺纹的检测。首先应对螺纹的直径、螺距、牙形和粗糙度进行检查，然后再用螺纹环规测量外螺纹的尺寸精度。如果环规通规拧进去，而止规拧不进，说明螺纹精度合格。对精度要求不高的螺纹也可用标准螺母检查，以拧上工件时是否顺利和松动的感觉来确定。检查有退刀槽的螺纹时，环规应通过退刀槽与台阶平面靠平。

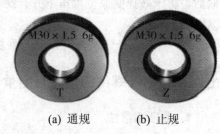

(a) 通规   (b) 止规

图 7-8 螺纹环规

八、车三角形外螺纹的注意事项

(1) 螺纹大径一般比公称直径约小 $0.13P$。

(2) 选择较低的主轴转速，防止因床鞍移动太快来不及退刀而发生事故。

(3) 根据工件、机床丝杠两者的螺距判断是否会产生乱牙，选择合理的操作方法。

(4) 车螺纹时，应注意检查进刀和退刀位置是否够用。

(5) 采用左右切削法或斜进法粗车螺纹时，每边应留 0.2～0.3 mm 精车余量。

(6) 车削高台阶的螺纹车刀，靠近高台阶一侧的切削刃应短些，否则会碰伤轴肩端面。

(7) 在加工螺纹中途产生"扎刀"现象时应换刀，消除丝杠间隙后应对刀，即开正转进行"中途对刀"。

(8) 不得用棉纱擦拭工件，应用毛刷清理切屑。

(9) 根据工件材料选择合适的切削液。

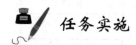

任务实施

一、任务准备

如图 7-1 所示，本项目任务是车三角形外螺纹。

1. 原材料准备

本任务所用零件材料为 45 钢，毛坯规格为 ϕ40 mm × 60 mm，数量为 1 件/人。

2. 机床设备准备

本任务所用机床为 CA6140，另需准备砂轮机一台。

3. 工具准备

本任务所需车工常用工具为一字螺丝刀、活络扳手等。

4. 刀具、量具准备

为了加工三角形外螺纹，根据工艺分析，工量具及刀具准备清单如见表 7-3。采用螺纹千分尺和螺纹环规检测加工质量。

表 7-3　车削外螺纹刀具、量具清单

序号	名称	规格	精度	数量
1	千分尺	25～50	0.01	1
2	游标卡尺	0～150	0.02	1
3	螺纹千分尺	25～50	0.01	1
4	螺纹环规	M30×2-6g	—	1
5	钢直尺	0～150	—	1
6	三角形外螺纹车刀	60°	—	自定
7	切槽刀	刀宽≤5 mm	—	自定
8	外圆车刀	45°	—	自定
9	外圆车刀	90°	—	自定
10	常用工具	—	—	自定

5. 切削用量的选择

根据工艺分析，加工三角形外螺纹切削用量见表 7-4。

表 7-4　切削用量的选择

刀具	加工内容	主轴转速 /(r/min)	进给量 /(mm/r)	背吃刀量 /mm
45°外圆车刀	车端面	800	0.1	0.1～1
90°外圆车刀	粗车外圆	500	0.3	2
	精车外圆	1000	0.1	0.25
外切槽刀	车外圆槽	500	0.05	—
三角形外螺纹车刀	车外螺纹	70	—	—

二、任务实施步骤

车三角形外螺纹步骤见表 7-5。

表 7-5　外螺纹加工步骤

加工步骤	图　示	加工内容
1	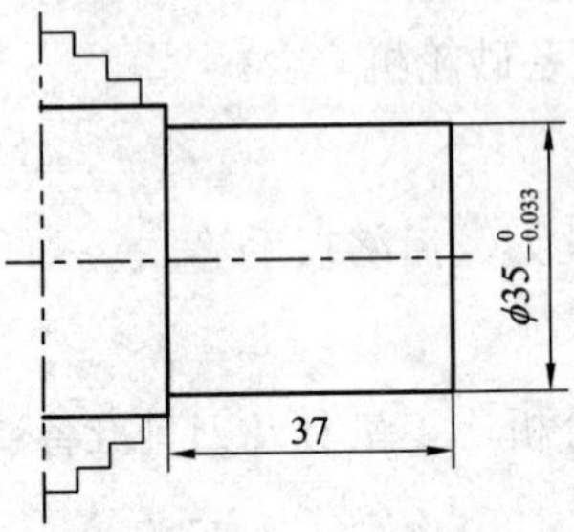	工件伸出卡爪 50 mm 左右，校正并夹紧；车平端面；粗、精加工 $\phi 35$ mm × 37 mm 外圆
2	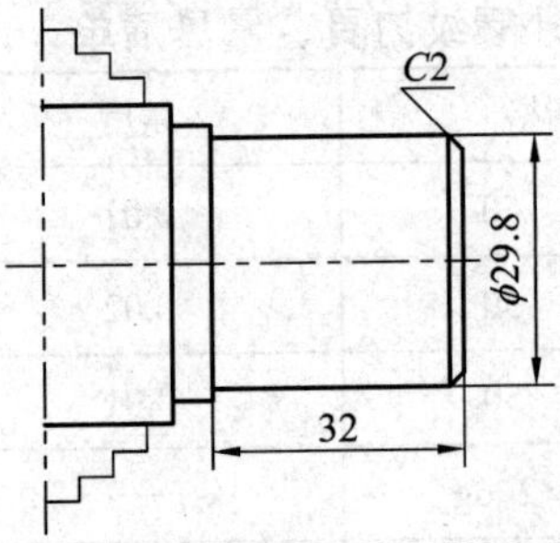	粗、精加工 M30 × 2 螺纹大径 $\phi 29.8$ mm × 32 mm；倒角 C2
3	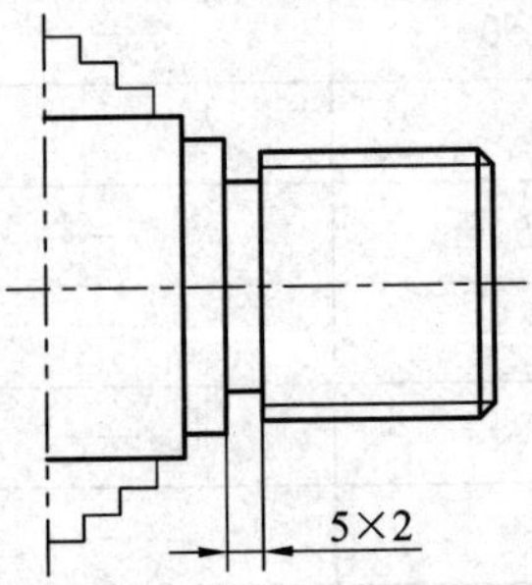	切 5 mm × 2 mm 槽

续表

加工步骤	图　示	加工内容
4	M30×2-6g	粗、精加工 M30×2 螺纹，加工完毕后，根据图纸要求倒角、去毛刺，并仔细检查各部分尺寸；最后卸下工件，完成操作

注意事项：

(1) 车螺纹前，应先调整好床鞍和中、小滑板的松紧程度及开合螺母间隙。

(2) 调整进给箱手柄时，车床在低速下操作或停车用手拨动卡盘，再调整。

(3) 车螺纹时，思想要集中。特别是初学者在开始练习时，主轴转速不宜过高，待操作熟练后，逐步提高主轴转速，最终达到能高速车削普通螺纹。

(4) 车螺纹时，应注意不可将中滑板手柄多摇进一圈，否则会造成车刀刀尖崩刃或损坏工件。

(5) 车螺纹过程中，不准用手摸或用棉纱去擦螺纹，以免伤手。

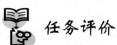 **任务评价**

外螺纹加工评分评价表见表 7-6，请根据检测结果填表。

表 7-6　外螺纹加工评分评价表

序号	检测项目	配分	评分标准	检测结果	得分
1	$\phi 35\,^{0}_{-0.033}$、$Ra3.2$	10/5	每超差 0.01 扣 2 分、每降一级扣 2 分		
2	M30×2-6g 牙型、粗糙度	10/10	超差不得分		
3	M30×2-6g 中径	25	每超差 0.01 扣 5 分		
4	5×2	7	超差不得分		
5	5	7	超差不得分		
6	32	7	超差不得分		
7	倒角、去毛刺 3 处	9	每处不符合扣 3 分		
8	安全操作规程	10	相关安全操作规程酌情倒扣 1～10 分		
	总分	100	总得分		

拓展训练

一、普通螺纹锥套配合件

本任务要求车削螺纹锥套配合件，图样如图 7-9 所示。

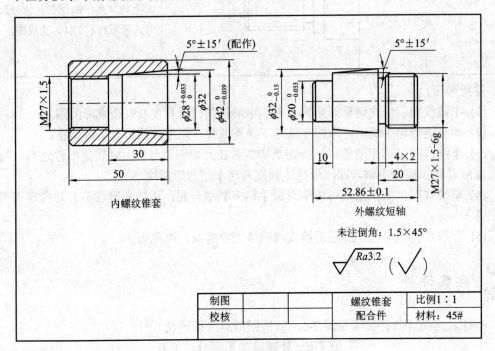

图 7-9　普通螺纹锥套配合件

二、工件评分表

普通螺纹锥套配合件加工评分评价表见表 7-7，请根据检测结果填表。

表 7-7　普通螺纹锥套配合件评分表

序号	测试内容			配分	评分标准	检测结果	得分
1	外圆	$\phi20_{-0.033}^{0}$	IT8	5	超差不得分		
2			$Ra3.2$	2	$Ra>3.2$ 扣 1 分，$Ra>6.3$ 全扣		
3		$\phi32_{-0.05}^{0}$	IT11	4	超差不得分		
4			$Ra3.2$	2	$Ra>3.2$ 扣 1 分，$Ra>6.3$ 全扣		
5		$\phi42_{-0.039}^{0}$	IT8	4	超差不得分		
6			$Ra3.2$	2	$Ra>3.2$ 扣 1 分，$Ra>6.3$ 全扣		

序号	测 试 内 容			配分	评 分 标 准	检测结果	得分
7	内孔	$\phi 28^{+0.033}_{0}$	IT8	5	超差不得分		
8			Ra3.2	2	Ra>3.2 扣 1 分,Ra>6.3 全扣		
9	长度	52.86 ± 0.10	IT11	4	超差不得分		
10	螺纹	大径 $\phi 27^{-0.032}_{-0.268}$	IT6	4	超差 0.01 扣 3 分		
11			Ra3.2	2	Ra>3.2 扣 1 分,Ra>6.3 全扣		
12		中径 $\phi 26^{-0.032}_{-0.188}$	IT6	8	超差 0.01 扣 3 分		
13			Ra3.2	4	Ra>3.2 扣 1 分,Ra>6.3 全扣		
14		60°,P = 1.5		2	Ra>3.2 扣 1 分,Ra>6.3 全扣		
15	圆锥	着色 70%以上 5°± 15'	IT10	8	接触面积<70%扣 5 分,<60% 不得分		
16			Ra3.2	4			
17		螺纹配合 M27 × 1.5		8			
18	锥度配合	锥度配合接触面积 70%		8			
19	其他	倒角等尺寸 12 处		12			
20	工量刃具及设备的使用			5			
21	工艺制订			5			
22	文明生产	发生重大安全事故取消考试资格;按照有关规定每违反一项从总分中扣除 3 分;扣分不超过 10 分					
23	其他模块	工件必须完整,工件局部无缺陷(如夹伤、划痕等)					
24	加工时间	120 分钟后尚未开始加工则终止考试;超过定额时间 5 分钟扣 1 分;超过 10 分钟扣 5 分;超过 15 分钟扣 10 分;超过 20 分钟扣 20 分;超过 25 分钟扣 30 分;超过 30 分钟则停止考试					
	总分			100	总得分		

项 目 小 结

本项目通过外螺纹车削加工训练,使学生能合理选择加工刀具和切削用量,正确刃磨刀具,掌握外螺纹的加工方法,以及对外螺纹精度的多种测量方法。

项目八　典型零件车削训练

前面我们学习了简单的轴类、套类零件的加工，但是在实际生产应用中，较为复杂的轴套类零件除了圆柱面、台阶、端面、沟槽外，还带有圆锥面、螺纹及成型面；重要的表面之间常有相互位置精度的要求；在结构上还存在着偏心、长径比大、壁薄等情况。这些零件的加工就需要我们认真地分析其形状结构的特点及功用、各个表面的尺寸精度、表面粗糙度及相互间的位置精度，合理地拟定加工工艺。本项目的主要任务是学习典型工件的车削工艺分析方法，拟定出较合理的加工工艺，完成图样要求的零件加工。

在实际生产中，机械零件一般是由内外圆柱面、端面、台阶、沟槽、圆锥面、螺纹，倒角等要素构成。车削由这些要素构成的复合型工件，需要有一定的工艺知识和操作技能才能完成。本项目进行典型零件加工，有利于进一步提高工艺知识和操作技能，工件图纸见图8-1。

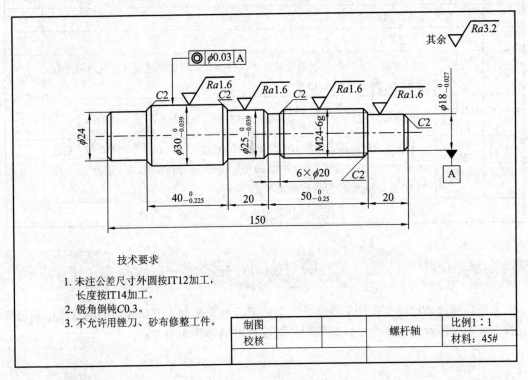

图 8-1　任务图纸

任务　螺杆轴的加工

 任务内容

(1) 能对螺杆轴进行加工工艺分析，并确定其加工步骤。

(2) 外圆柱面、三角形外螺纹及台阶轴的车削。

(3) 零件的尺寸精度、表面粗糙度及形位精度的检测。

 任务目标

(1) 了解机械加工工艺过程中各加工阶段的目的。

(2) 初步掌握零件的结构特点和功用，以及常见的技术要求。

(3) 初步掌握轴类零件的工艺分析方法，并能较合理地拟定轴类零件的加工工艺。

(4) 能车削带锥度、螺纹的多阶台轴类零件，并达到以下质量要求：

① 轴径公差等级为 IT8；

② 表面粗糙度为 $Ra1.6 \sim Ra3.2$ μm;

③ 同轴度公差等级为 IT8；

④ 轴向长度公差等级为 IT10；

⑤ 未注尺寸公差等级为外圆 IT12 级，长度方向的尺寸为 IT14 级。

 任务准备

一、图样识读

1. 工件结构及形状分析

螺杆轴是由外圆、台阶、外螺纹、沟槽组成的工件。

2. 尺寸精度分析

工件的主要径向尺寸有 $\phi30$ mm、$\phi25$ mm 和 $\phi18$ mm，精度的公差等级均为 IT8，长度尺寸有 3 处精度要求较高，即外圆 $\phi30$ mm 的长度 40 mm、外螺纹的长度 50 mm 及工件总长 150±1 mm；外螺纹 M24-6g 的顶径尺寸为 $\phi24$ mm，中径尺寸为 $\phi22.051$ mm；其余未注公差的外圆尺寸按 IT12 加工，长度尺寸按 IT14 加工。

3. 形位精度分析

工件上有一处位置精度的要求，即外圆 $\phi30$ mm 的轴线相对于基准外圆 $\phi18$ mm 的轴线的同轴度公差为$\phi 0.03$ mm。

4. 表面粗糙度分析

外圆$\phi 30$ mm、$\phi 25$ mm 和$\phi 18$ mm 的表面粗糙度均为 $Ra1.6$ μm，其余各处的表面粗糙度均为 $Ra3.2$ μm。

二、工艺分析

(1) 工件上台阶的长度可采用刻线法与深度尺测量配合保证，主要外圆表面的尺寸精度要求较高，用试车的方法保证，分粗、精加工。

(2) 螺纹较长，尺寸精度和表面粗糙度要求较高，分粗、精车来完成。

(3) $\phi 30$ mm 的圆柱轴线相对于基准 A 的同轴度公差为$\phi 0.03$ mm，可通过在一次装夹中加工的方法来保证。

(4) 采用一夹一顶装夹工件时，为了防止工件在加工中轴向窜动，一般的做法是在左端车一个工艺台，在另一端钻中心孔。

(5) 工件上重要表面的粗糙度均为 $Ra1.6$ μm。为了保证表面粗糙度的要求，一方面刀具角度的选择要合理，另一方面切削用量的选择要合理。精加工时，刀具一定要锋利，刀具的前角、后角要适当增大些。

车削外圆时切削用量的选择：

粗车时，$v_c = 90\sim110$ m/min，精车时，$v_c = 140\sim180$ m/min；

粗车时 $f = 0.2\sim0.25$ mm/r，精车时 $f = 0.12\sim0.15$ mm/r；

粗车时，$a_p = 0.2\sim0.3$ mm，精车时，$a_p = 0.25\sim0.5$ mm；

车削螺纹时切削用量的选择：

粗车时，$v_c = 10\sim15$ m/min，精车时，$v_c = 4\sim6$ m/min；

粗车时，$a_p = 0.2\sim0.4$ mm，精车时，$a_p = 0.02\sim0.05$ mm；

(6) 工件的装夹。粗、精车均采用三爪自定心卡盘一夹一顶装夹。

三、零件加工

结合图样分析及工艺分析，确定球形螺杆轴的车削顺序如下：

检查毛坯尺寸→车工艺台→掉头，钻中心孔→一夹一顶装夹工件，粗、精车除左端$\phi 24$ 外的工件各部分→掉头，垫铜皮夹$\phi 30$ mm 的外圆→精车$\phi 24$ mm 至尺寸精度要求。

四、质量检测

(1) 工件上的三处外圆$\phi 30$ mm、$\phi 25$ mm 和$\phi 18$ mm 用相应规格范围的千分尺来检测。

(2) 外螺纹 M24-6g 的中径尺寸为$\phi 22.051$ mm，用螺纹千分尺检测。用螺纹环规对外螺纹进行综合检测。

(3) 长度分别用游标卡尺或深度千分尺检测。

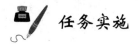

一、任务准备

1. 原材料准备

本任务所需材料为 45 号钢，毛坯规格为 $\phi45 \times 155$，数量为 1 件/人。

2. 车床设备准备

本任务需车床为 CA6140，另需准备砂轮机一台。

3. 工具准备

本任务所需车工常用工具为一字螺丝刀、活络扳手等。

4. 刀、量具准备

为了加工螺杆轴，根据工艺分析，刀具及量具准备清单见表 8-1、表 8-2。

表 8-1　螺杆轴加工刀具准备清单

序号	刀具名称	刀具规格	备　注
1	90° 外圆车刀	25 mm × 25 mm	粗、精各一把
2	45° 端面车刀	25 mm × 25 mm	
3	切槽刀	25 mm × 25 mm　$B = 3$ mm	
4	60° 螺纹车刀	25 mm × 25 mm	

表 8-2　螺杆轴加工量具准备清单

序号	量具名称	量具规格及精度	备　注
1	游标卡尺	0～300 mm 精度 0.02 mm	
2	外径千分尺	0～25 mm 25～50 mm 精度 0.01 mm	
3	深度游标卡尺	0～200 mm 精度 0.02 mm	
4	螺纹中径千分尺	0～25 mm 精度 0.01 mm	
5	螺纹环规	M24-6g	
6	钢板尺	150 mm	

二、任务实施步骤

螺杆轴加工步骤见表 8-3。

表 8-3　螺杆轴加工步骤

序号	加 工 内 容	工 步 简 图
1	三爪自定心卡盘夹持毛坯外圆，车工艺台$\phi25$，长 19	
2	掉头，用三爪自定心卡盘夹持毛坯外圆。 (1) 车端面； (2) 钻中心孔	
3	一夹一顶装夹工件： (1) 粗车外圆$\phi30$、$\phi25$ 和$\phi18$ 及 M24-6g 螺纹外径，各留 1 mm 精加工余量。 (2) 切槽 6 × $\phi20$ 至尺寸； (3) 精车外圆$\phi30 × 40$、$\phi25 × 20$ 及$\phi18 × 20$ 至尺寸精度要求； (4) 精车 M24-6g 外径至精度要求； (5) 倒角 C2，6 处； (6) 粗、精车 M24-6g 外螺纹至尺寸精度要求	
4	掉头，用三爪自定心卡盘装夹工件（垫铜皮）。 (1) 精车$\phi24$ 至尺寸精度要求； (2) 切断，取总长 150 ± 1； (3) 倒角 C2。 自检，取下工件	

安全注意事项：

(1) 根据图样要求，合理选择粗、精基准。

(2) 一夹一顶安装应注意安全，以防折断工件。

(3) 训练中应培养安全文明生产习惯、重视安全操作技术。

(4) 正确合理使用各种工、量、夹具，并注意妥善保管。

(5) 测量工件应根据设计基准选择测量基准。

 任务评价

螺杆轴加工的评分评价表见表 8-4，请根据检测结果填表。

表 8-4 螺杆轴评分评价表

序号	检测内容	配分	评分标准	检测结果	得分
1	大径 $\phi24$	3	超差不得分		
2	中径 $\phi22.051$ $Ra1.6$	6/3	超差不得分		
3	牙型半角	3	超差不得分		
4	$\phi30_{-0.039}^{0}$ $Ra\,1.6$	5/2	超差不得分		
5	$\phi25_{-0.039}^{0}$ $Ra\,1.6$	5/2	超差不得分		
6	$\phi18_{-0.027}^{0}$ $Ra\,1.6$	4/2	超差不得分		
7	$\phi24$ $Ra\,3.2$	2/1	超差不得分		
8	150 ± 1	3	超差不得分		
9	40、50	7	超差不得分		
10	20(二处)	3	超差不得分		
11	$\phi0.03$	4	超差不得分		
12	C2(6 处)去毛刺	5	超差不得分		
13	正确、规范使用，合理保养及维护	10	不符合要求不得分		
14	防护用品穿戴、严格执行 "6S" 管理制度	10	不符合要求不得分，发生事故取消考试资格		
15	工艺安排合理，加工步骤正确，操作动作规范，工件完整无缺陷	10	不符合要求不得分		
16	额定时间 210 min	10	超时 5 分钟之内，扣 5 分，超过 5 分钟不得分		
	总分	100	总得分		

拓展训练

一、工件图样

圆锥螺杆轴图样见图 8-2。

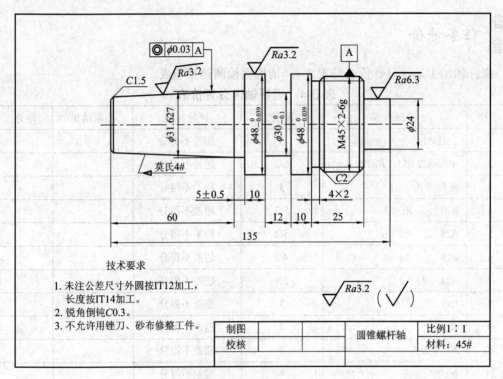

技术要求

1. 未注公差尺寸外圆按IT12加工，
   长度按IT14加工。
2. 锐角倒钝C0.3。
3. 不允许用锉刀、砂布修整工件。

制图		圆锥螺杆轴	比例1∶1
校核			材料：45#

图 8-2　圆锥螺杆轴

二、工件加工评分表

圆锥螺杆轴加工评分评价表见表 8-5，请根据检测结果填表。

表 8-5　圆锥螺杆轴评分表

序号	检 测 内 容		配分		评分标准	检测结果	得分
			IT	Ra			
1	外三角螺纹	大径ϕ45	2		超差不得分		
2		中径ϕ43.701　Ra3.2	6	3	超差不得分		
3		牙型半角	3		超差不得分		
4	外圆锥	莫氏4号(接触面积≥50%) Ra 3.2	6	2	超差不得分		
5		60±0.15	3		超差不得分		

续表

序号	检测内容		配分		评分标准	检测结果	得分
			IT	Ra			
6	外圆锥	5±0.5	2		超差不得分		
7		φ31.267 Ra 3.2	4	1	超差不得分		
8	外圆	φ48 Ra 3.2	4	1	超差不得分		
9	沟槽	φ30×12	3	1	超差不得分		
10		4×2 Ra3.2	3	1	超差不得分		
11		φ24 Ra6.3	2	1	超差不得分		
12	长度	25	3		超差不得分		
13		10	1		超差不得分		
14		135	1		超差不得分		
15	同轴度	φ0.03	3				
16	倒角	C1.5 处、C2 处	3		超差不得分		
17	工、量、刃具及设备使用情况	正确、规范使用，合理保养及维护	10		不符合要求不得分		
18	安全文明生产	防护用品穿戴、严格执行"6S"管理制度	10		不符合要求不得分，发生较大事故取消考试资格		
19	操作动作及工艺安排	工艺安排合理，加工步骤正确，操作动作规范，工件完整无缺陷	10		不符合要求不得分		
20	定额时间 210 min		10		超时 5 分钟之内，扣 5 分，超过 5 分钟不得分		

项 目 小 结

　　本项目通过典型零件的加工，使学生初步理解了零件的加工工艺过程，熟悉了轴类零件的结构特点、功用及常见技术要求；学会了典型零件的工艺分析，掌握了典型零件的形位精度的控制方法；巩固了一夹一顶零件的方法，掌握了轴类零件的装夹及车削方法。

参 考 文 献

[1]　陈海滨，李菲飞. 车工工艺与技能训练[M]. 南京：江苏凤凰教育出版社，2017.

[2]　漆向军，胡谨. 车工工艺与技能训练[M]. 北京：人民邮电出版社，2009.

[3]　朱荣锋，韩勇娜，李俊. 车工项目训练教程[M]. 北京：高等教育出版社，2011.

[4]　机械工业职业技能鉴定中心. 车工技能鉴定考核试题库[M]. 北京：机械工业出版社，2006.

[5]　袁桂萍. 车工工艺与技能训练[M]. 北京：中国社会劳动保障出版社，2007.